陸曹が見た イラク派遣最前線

熱砂の中の90日

伊藤 学
Ito Manabu

並木書房

第３次イラク復興支援群本部管理中隊本部天幕前に立つ筆者。天幕前にはよく映画などで見る距離表示が立てられていた。サマーワからイラクの首都バグダッドまでは200キロ弱と、そう遠くない距離である。

衛星写真で見たサマーワ宿営地（赤い円内）。画面左上から右下へ流れるのは運河である。宿営地用の水はここから汲み上げて浄水し、使用していた。サマーワ市街は画面右上、中央寄りの部分である。28号線から宿営地入口までのジグザグの経路の様子がよくわかる。

第３次イラク復興支援群、通称「ゴールデン・イーグル」。前列中央の松村五郎群長以下、約500名。このサマーワで３か月生活し、苦楽を共にした「家族」である。(円内が筆者)

第３次復興支援群及び復興業務支援隊本部天幕前で、業務支援隊所属の先輩陸曹と。復興業務支援隊は復興支援群の任務が円滑に遂行できるよう、さまざまな面で支援群のサポートを行なう「縁の下の力持ち」ともいうべき部隊だ。

一般道を走行する軽装甲機動車（LAV）。機関銃手が車列に手を振っている。宿営地外での移動時は常に一般市民に向けて笑顔で手を振り、友好的なアピールを心がけた。

96式装輪装甲車の脇で同僚の陸曹と。装輪装甲車に描かれた「毘」の文字は武神である毘沙門天を表し、第１次イラク復興支援群の中核となった北海道・名寄駐屯地の第３普通科連隊の車輌マークである。

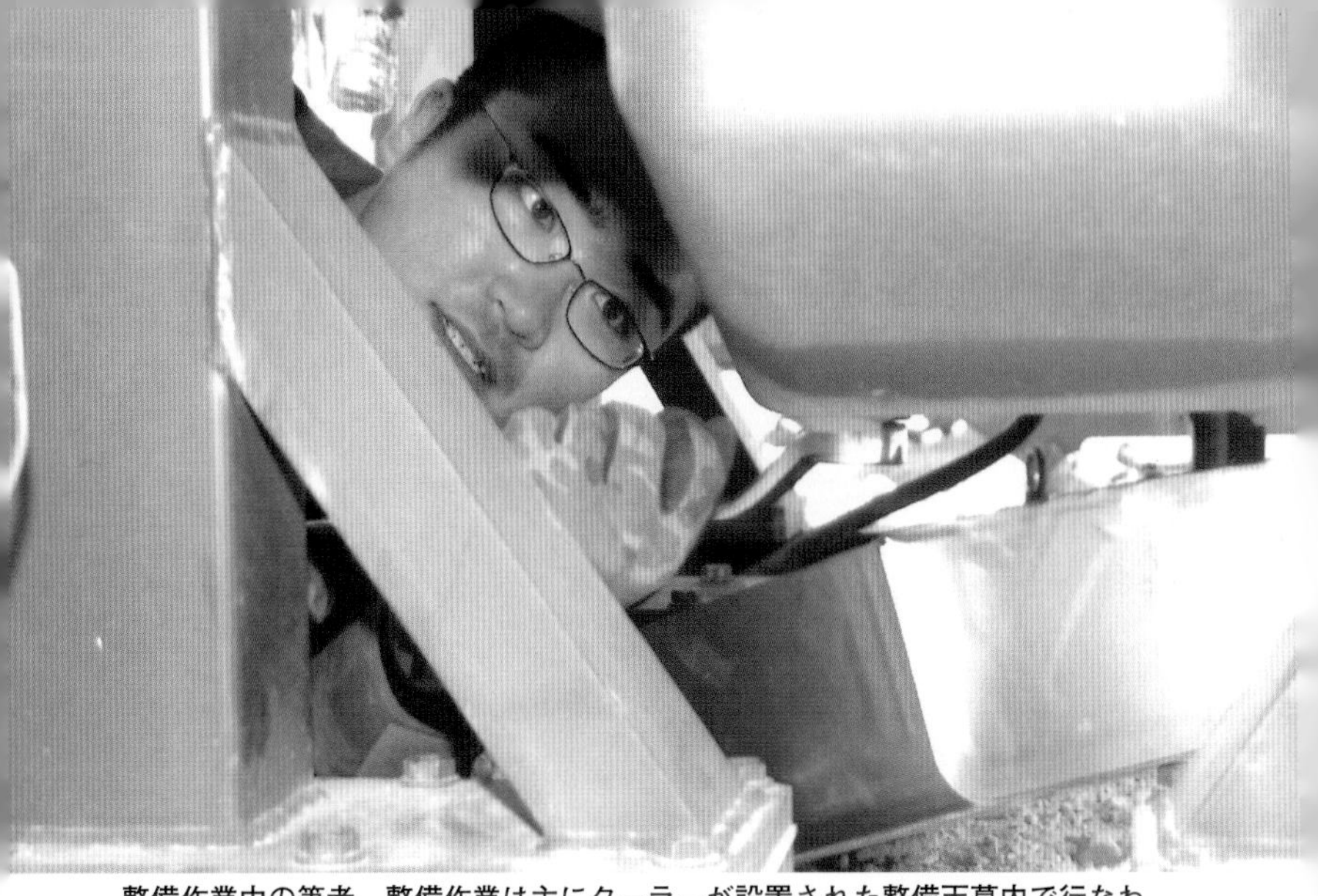

整備作業中の筆者。整備作業は主にクーラーが設置された整備天幕内で行なわれたが、多忙な時は野外での整備を余儀なくされ、炎天下で作業をすることもあった。

本部管理中隊整備小隊火器車輌整備班の集合写真。支援群が装備するあらゆる車輌、火器などの整備・修理を行なう。また要求された部品、器具、道具などを自作することもあり、高い技術を持つプロフェッショナルが揃っていた。

宿営地での朝の一コマ。このような水道が多数設置され、ここで洗顔などを行なった。後方のシートに包まれたタンクから水を引く仕組みになっており、給水隊が１日に数度各タンクに給水を行なった。

サマーワ宿営地に近いキャンプ・スミッティのオランダ軍との交歓行事での一コマ。青森ねぶたを披露するため、筆者はねぶたの衣装を着用している。ねぶた囃子を奏でる篠笛や和胍など、初めて触れる日本文化にオランダ兵は興味津々であった。

古代メソポタミア文明の遺跡であるウルのジッグラトにて。約4100年前に建造され、世界史の教科書で紹介されている遺跡を見学できたのは貴重な体験だった。

派遣中、余暇を使って組み立てた軽装甲機動車のラジコンカー。モデルとなった実車は警務派遣隊の配備車輌であった。完成記念にラジコンと実車で記念撮影。

クウェートでの射撃訓練の合間に撮影。派遣隊員の装備がよくわかる。気温が60度前後まで上昇するなか、この重装備で隊員たちはそれぞれの任務についた。

まえがき

戦場から帰還した兵士には二つのタイプがいるという。一つは戦争体験を自ら語り、世に伝え、広める者。もう一つはいっさい口を閉じ、沈黙する者。どちらが良い悪いということではない。

戦闘という極限状態で見るもの、聞こえる音、感じるものは、いま私たちが享受している平和な日常とはおよそかけ離れたものである。どんなにリアルな映画や映像ですら現実には追いつけないだろう。だからこそ一般の人々に戦場の実像を伝えたいと思う者がいる一方で、現実は伝えるべきではない、自分自身も思い出したくないと思う者がいても不思議ではない。

私は2004年8月から11月、イラク南部のサマーワでイラク復興支援群の一員として任務についた。その間、日本では聞けない種類の銃声を聞き、迫撃砲やロケット弾の攻撃を受けた。宿営地の中も外も危険と隣り合わせだった。

自衛隊のサマーワ派遣の際、サマーワは「非戦闘地域」とされたが、サマーワ宿営地には何度も迫撃砲やロケット弾が撃ち込まれ、市内では毎日のように銃声が響き渡っていた。そこは実弾が飛び交う「戦場」だった。

サマーワでの任務を終えて帰国し、約3年後に自衛隊を退職した（その経緯は本書に記した）が、いつかサマーワで体験したことを記録として残し、広く伝えたいと思うようになった。2020年、メールマガジン『軍事情報』で「自衛隊・熱砂のイラク派遣90日」として連載させていただいた。そして今回、大幅に加筆・修正して書籍化することができた。

自衛隊イラク派遣に関する書籍は複数あるが、その多くは指揮官、幹部クラスの隊員が執筆したものであり、実際に現場で任務についた曹・士（下士官・兵）の声や姿、任務の実態はほとんど明らかにされていない。彼ら彼女らの声を代弁したいという思いも本書を書く動機の一つである。

そうはいっても「自分にあの日々のことを本にして世に出す資格があるのか？」「15年以上前の出来事を今さら書いて何になるのか？」と、何度も自問自答した。

しかし、沈黙していれば、サマーワでの私の体験は後世に伝わることなく私の中で消え去ってしまう。これだけは避けたい。公式記録には記されていない生の声を伝えねばならない。

「誰もやらないなら自分がやる」

そう肚を決めて、あの時のことを書き始めた。

いまや多くの日本人には関心がなくても、かつて酷暑のイラクで命がけで任務についた自衛官たちがいたことを記録として残そう。たった一人の読者であっても伝えることができればそれで満足だ。

今も、アフリカ・ジブチやアデン湾で海賊対処活動、中東地域で情報収集活動など、海外で任務についている自衛官がいる。彼らの活動状況、出国・帰国はほとんどニュースにならないが、この本が厳しい環境での海外派遣任務につく彼らを知ってもらうきっかけとなることを願い、そして、彼らがそれぞれの任務を完遂し、無事日本へ帰国できることを心から願っている。

目次

1　極限の先にあるもの

勇ましくありたいと思っていた

幼少の頃から自衛官になるのが夢だった。幼稚園の卒園アルバムには「おとなになったらじえいたいにになりたい」と書いた。小学生の頃から書店に行けば軍事雑誌や軍事関連の本を片っ端から手に取り、親にねだった。当時よくあったレンタルビデオ店では戦争映画や戦争ドキュメンタリーばかり借りていた。いま思い起こせば相当変わった子供だったのかもしれない。何に影響を受けたのか？と聞かれて思いつくようなことも特にない。両親は普通の会社員だったし、親戚や近所に自衛官や元軍人がいたわけでもない。

戦争や軍事に関する本・映画などを読んだり観ているうちに、弾の飛び交う中をかいくぐって前進し銃を撃ったり、仲間や任務のためにあえて危険な状況に飛び込む兵士たちの姿を見て、自分もこうなりたいと強く思ったりもした。それがフィクションであったとしてもだ。

16歳の時、自衛隊生徒として陸上自衛隊少年工科学校（現、陸上自衛隊高等工科学校）に入校してからは、訓練や部活のラグビーを通じて自分の精神的な弱さを痛感することが多くなり、強さ、勇敢さを兼ね備えた人間になりたいと強く思うようになった。子供の頃に本で知り、映像で観た戦場のような極限の環境に身を置き、そこをかいくぐることができれば自分はもっと強くなれるかもしれない、あの勇敢な兵士たちのようになれるかもしれないと思うようになっていた。

そして、それから10年もしないうちに、自分が小銃と実弾を手にして日本から遠く離れた灼熱の大地に立つことになろうとは、もちろんこの時は思いもしなかった。

戦争が始まる……

2001年9月11日。その日は1日の課業を終え、夕食と入浴を済ませ、いつものように居室でテレビを観てリラックスしていた。ベッドに横になり、疲れで眠気を感じていたところに、ニュース速報の音が響いた。何だろうと体を起こして画面の字幕を見る。ニューヨークのワールドトレードセンタービルに航空機が衝突した模様との内容だった。

おおかた遊覧の小型機あたりが誤って衝突したのだろうと考えていたところ、画面が切り替わり、最初に飛行機が激突したワールドトレードセンタービル北棟から煙が上がっている映像が映し出された。それでも（大変だな……）と、どこかテレビの向こうの他人事に思いながら、ただ画面を見つめていた。しかし、2機目の衝突が報道されてからは、これはただ事ではないとテレビの画面に釘付けになった。ほかの居室にいる同僚たちもどうやら同じようで、何人かは私の居室のドアを開けて「班長、テレビ観てます？　ヤバいですね、これ」と声をかけてきた。情報が錯綜し画面のアナウンサーの表情からも不安や混乱が感じられるなか、ついに恐れていた映像が流れた。

日本時間2001年9月11日22時59分、ワールドトレードセンタービル南棟崩壊。続いて同23時28分、北棟が崩れ落ちた。

イラク派遣を「熱望」

これは現実なのか？

私はテレビの画面に立て続けに映される恐ろしい光景に呆然とするばかりであった。

二つのタワーが崩落するのを見届けた私の胸に去来するのは、これから世界を巻き込む戦争が始まるという直感。

（これは戦争になるぞ……）

恐怖で血の気が引いていくのが自分でもわかった。

それからしばらくして、不穏な噂を部隊で耳にするようになった。

イラク派遣。

具体的な話が私の周囲でも話題に上るようになったのは、北海道の第2師団主力で編成された第1次イラク復興支援群が派遣準備に入った、2003年の秋頃だったと記憶している。

次いで派遣されるのが北海道南部の第11師団（当時）主力と聞いてからは、おそらく派遣部隊は北から編成されていくのだろう。さらに次は東北方面隊、第9師団の可能性が高いと考えた。結果、この予想の通り、第3次イラク復興支援群は北東北の第9師団隷下部隊を主力として編成されることになった。

私の所属する第9戦車大隊では、中隊ごとに希望調査が実施された。私はもちろん「熱望」と希望欄に大きく記入して提出した。ほかの隊員の反応はさまざまで、家庭がある隊員や上級陸曹などは比較的消極的な隊員が散見されたように思う。隊員の中には「俺は行かない」と堂々と口にする者もいた。

派遣を希望する隊員の多くは若手だった。ただ、彼らの中には高額な派遣手当が目当てだと公言する者もおり、派遣前に新車の予約をした者もいたと耳にした。それを聞いた時、私は「生きて帰れると思っているんだな」と鼻で笑った。私はというと、ひとり鼻息を荒くして「俺はお前らとは違う。戦場に行きたいんだ。戦場の空気を感じたい、戦場で自分の何が変わるか確かめたいから行くんだ」と意気込んでいた。だが、本来の任務であるイラク国土の復興支援任務を第一に考えていない点では、自分もほかの隊員とたいして変わらなかった。いわゆる「不純な動機」といったところか。

　希望調査の後、私の所属する大隊は本部で人員の選考が実施されたようで、派遣希望の隊員の中からさらに語学能力と保有している特技（ＭＯＳと呼ばれる）を考慮して派遣候補隊員が選考されたようだ。選ばれた隊員は10名ほどだったと思う。全員大隊長室に呼ばれ、大隊長自ら派遣候補隊員と面接した。

　イラク派遣は復興支援任務であり、インフラの復旧や整備が主となるため、従来のＰＫＯ派遣と同様、施設科部隊（工兵）が任務の主力となり、また作業中、移動中の部隊警護や宿営地警備を担当する普通科部隊（歩兵）の勢力も大きかった。私のような機甲科（戦車・偵察）隊員の能力を発揮する場面は少ないと見られていた。大隊長からは支援要員、おそらく糧食班員として派遣される可能性が高いがそれでもいいかと問われた。是非もない。私は派遣部隊に参加できるならどんな職務でもよかった。

しばらくしてから私ともう一人の陸曹が再度呼ばれ、車輌整備の特技を保有していることから、整備小隊への配置を検討中との話をされ、私は二つ返事で了承した。

その後、正式に第3次イラク復興支援群本部管理中隊、整備小隊火器車輌整備班に配属された。

2 いつ「イラク行き」を打ち明けるか

火器車輌整備班に配属

私の配属された火器車輌整備班は火器整備班と車輌整備班からなり、火器整備班は支援群が装備する火器（拳銃、小銃、機関銃など）の故障の修理や部品交換、一般隊員では実施できない高段階整備を実施する。車輌整備班は支援群の装備車輌（軽装甲機動車、高機動車、96式装輪装甲車、各種トラックなど）の定期整備および故障の修理が主な任務だった。

隊員は師団隷下の後方支援連隊などから整備に従事している者を中心に集められ、まさに整備のスペシャリスト集団であった。車輌整備班は4個チームに分けられ、それぞれアルファ（A）、ブラボー（B）、チャーリー（C）、デルタ（D）と呼称された。私はDチームに配属され、チームの同僚とは派遣前訓練をはじめ各種訓練でともに励み、演習では同じ天幕、サマーワ宿営地では同じコンテナハウスで生活することになり、長い時間を一緒に過ごした。当初は職種も任務も部隊もまるで違う隊員たちとうまくやっていけるか心配だったが、そこはやはり自衛官。課業が終わった後は隊員クラブで酒を酌み交わす、いわゆる「飲みにケーション」ですぐにみな仲良くなり、心配は杞憂であった。

各部隊、復興支援業務の訓練を開始

本格的な訓練は私が所属していた岩手駐屯地で始まった。各種施設が充実しており、かつ師団管内では比較的広い面積を持ち、演習場も近いというのが理由であった。本来の駐屯部隊に加えイラク派遣準備隊各隊が駐屯地内のいたる所で訓練を開始し、駐屯地はいつにも増してにぎやかになった。

わが整備小隊車輌整備班は第9戦車大隊の整備工場の一部を間借りし、管理替えで一時的に戦車大隊に配備された96式装輪装甲車などを使用して整備訓練を実施した。訓練開始後しばらくすると、車輌整備班の隊員数人に対し、茨城県の土浦駐屯地にある武器学校で実施される整備集合教育参加の命令が出た。

武器学校は陸上自衛隊が装備する各種車輌・火器などの整備員を養成する学校である。参加

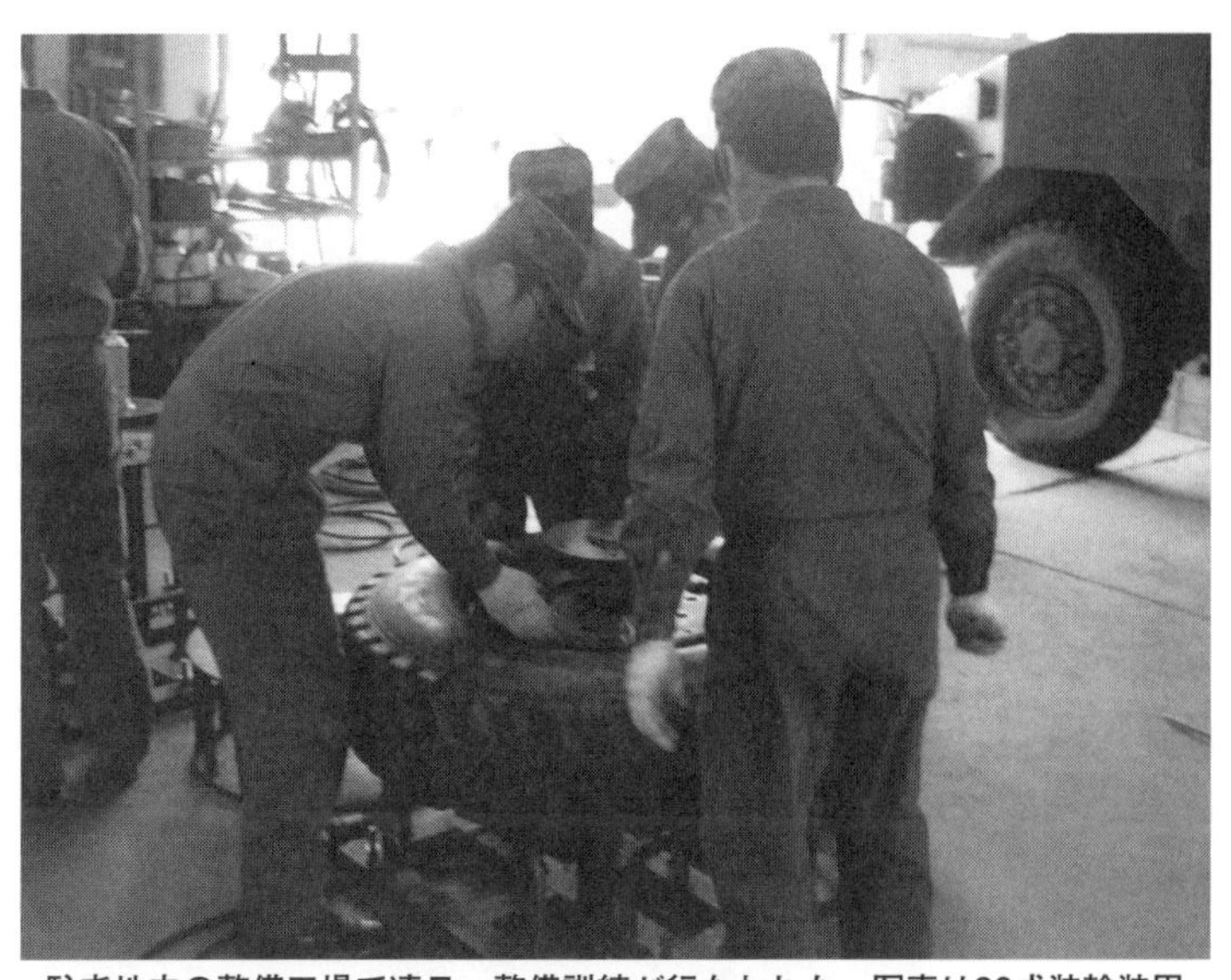

駐屯地内の整備工場で連日、整備訓練が行なわれた。写真は96式装輪装甲車のタイヤ脱着作業。手前左が筆者。私物の整備服を着用している。

を命じられた集合教育は、当時、陸上自衛隊の新装備品であり、派遣部隊の主力装備である軽装甲機動車と96式装輪装甲車の構造機能および整備要領を習得するための教育であり、1か月ほどの期間で実施された。

すでに車輌整備班の3分の2ほどの隊員はこの教育を履修しており、どうりで皆テキパキと整備をするものだと感心していたが、自分もこの教育に参加して最新装備品の教育を受け、帰隊すれば皆と同じように整備ができると思い、気が引き締まった。しかし、武器学校での教育を終えて帰隊すると、やはり約1か月不在の差は大きいもので、ほかの隊員たちは次々と新しい訓練や教育に入っており、焦りを覚えた。

自衛官は入隊直後、そして部隊に所属してからも、とにかく勉強や教育訓練の連続だが、新しい知識の習得の機会には「ほかの隊員を押しのけてでも近くで見学しろ」「わからないことをそのままにせず、教官が困るくらい質問しろ」と何度も言われる。教育の時間は限られ、進度も早く、教官も何度も同じことを教えてくれるわけではないからだ。当然、座学や実習の際は教官の言葉をひと言も聞き逃すまいとみな真剣である。

整備特技を保持し、武器学校での教育を履修したとはいえ、整備員としての勤務経験がない私は車輌整備班の同僚に後れをとっていたため、帰隊後は整備訓練などでわからないことがあれば先輩隊員にあれこれ質問し、実技も率先してやらせてもらい、さらに装備品に対する知識を深め、少しでもほかの隊員に追いつこうと必死だった。

日ごとに派遣準備隊の訓練は濃密かつ高度になっていき、イラク国内情勢やアラビア語の座学をはじめ、さまざまな状況下での射撃訓練、宿営地で使用する装備品や器材の操作取り扱いの教育など、知識や技術習得のための多忙な日々が続いた。

アイキュー（ＩＱ）

イラク派遣準備隊に関連する事項は訓練開始前から関係者の間では「アイキュー（ＩＱ）」という隠語が使われ、訓練が始まっていることや、派遣準備隊に関する事柄は正式発表がないうちは秘匿されていたが、厳しく徹底はされず、そのうち駐屯地近傍から近くの街にも情報が流れていた。なかには歯科で「イラクに行くので虫歯をすべて治療して欲しい」と堂々と話した派遣隊員もいたというからあきれたものだ。

私も外出先で会う人や知人から「イラクに行くの？」と聞かれるようになり、そのたびに「わからない」とはぐらかした。あげく、歯科で治療を受けた際、何も話していないのに医師から「若いのに戦争に行くなんてねえ……」と面と向かって言われ、言葉を失った。

イラク派遣は復興支援が主任務であり、戦闘が目的ではないということが一般の人々に伝わっていない、理解されていないことを痛感したが、一般人の自衛隊に対する知識や理解といえば、自衛隊に興味がある人でなければこんなものだろうと自身に言い聞かせた。そして、情報秘匿の姿勢を見せながらも情報流出の抑止を徹底せず、知らぬふりをする派遣準備隊上層部には不信感を抱かずにはいられなかった。

同時に、自衛官でありながら情報保全の重要性も理解せず、軽々しく情報をばらまく一部の派遣隊員には「お前たちにはプロ意識はないのか」とそのレベルの低さに怒りすら覚え、派遣準備隊の情報保全体制が万全ではないという事実に気が重くなった。

ミニ・サマーワで総仕上げ

派遣前訓練も大詰めを迎え、総仕上げともいうべき演習が実施された。某演習場内にサマーワ宿営地に似せた模擬宿営地が設営され、ここで数日にわたり訓練を実施する。派遣隊員たちはここを「ミニ・サマーワ」と呼んだ。

前半は部隊ごとにそれぞれの任務を実状況に見立てて訓練を行ない、後半は連続状況下での訓練となる。特に後半は不審者の宿営地への接近や宿営地への攻撃も想定され、的確な対応が要求された。もちろん警備も24時間態勢である。

訓練前半、わが車輛整備班は整備天幕内で実際に車輛の整備を行なった。やはりそれまで訓練してきた整備工場とは勝手が違い、当初はやや戸惑いがあったものの、そこは整備のプロ集団。皆すぐに慣れ、整備工場に常備されているような大型の資機材がなくても、手元にある資機材と創意工夫で各種整備を実施した。

ミニ・サマーワでの装備品教育。サマーワ宿営地では原隊で装備していなかったり、使用経験のない装備品を使用することが多く、派遣前にこうした教育訓練を通して操作要領を学んだ。

ミニ・サマーワで初めて行なった実動訓練は、24時間態勢の警備訓練であった。サマーワでの警備は、主に普通科連隊の隊員で編成された警備中隊が実施していたが、彼らの主任務は宿営地外で活動する施設隊や輸送小隊、そしてVIPなどの警護であり、宿営地内の警備、監視任務は警備中隊以外の部隊もローテーションで担当した。

宿営地には「望楼（ぼうろう）」と呼ばれる監視塔があり、完全武装でここに登り、昼間は肉眼や双眼鏡などで警戒監視、夜間は主に暗視装置を使用して警戒監視を行なった。ミニ・サマーワの望楼はサマーワ宿営地に構築された望楼とは違って鉄パイプで組んだ骨組の上に足場を設置しただけの簡素なものだった。

気温が日に日に上昇するなか、完全装備で警戒監視するのは楽な任務ではなかった。特に後半の連続状況下ではいつどのような状況が生起するかわからず、高い緊張感をもって任務についた。

後半の実動演習、状況終了の報を聞いた時は緊張が解けて、全身から力が抜ける思いだった。

「あっち（サマーワ）じゃあ、気温60度の中でこの状況が続くんだぜ」という誰かの声を耳にして、想像もつかない灼熱の大地で任務につく自分の姿を思い浮かべた。しかし、不安はなかった。

この時点で北海道から派遣された第2次イラク復興支援群がサマーワで活動しており、第1次イラク復興支援群は任務を完遂して日本に帰還している。同じ自衛官が任務についているのだ。彼らにできて俺たちにできないわけがない。そう思いながら「どんなに厳しい状況でもやってやるぞ」と気持ちを強くした。

まっすぐ見られなかった父の顔

4月も後半を迎え、何度か帰省した。実家は駐屯地からそう遠くなく、車で高速道路を南下すれば1時間ほどであり、一般道をゆっくり走っても2時間半から3時間で着く距離だ。帰省すれば地元の友人たちと飲み歩いたり、地元をドライブしてまわるのが常だった。

この時期、すでにイラク第3次派遣部隊は北東北の第9師団が主力となるという報道が流れ、私の両親も大いに気にしているようだったが、まだ両親は私が派遣準備隊に配属され、すでに訓練に参加していることは知らなかった。もともと実家では部隊や勤務の話はあまりしなかったが、今回は事情が違う。私はいつ両親にイラク行きを打ち明けようか迷っており、帰省しても結局話せずに帰隊するのを何度か繰り返していた。

この4月後半の休暇も最終日を迎え、夕方、荷物をまとめ玄関で靴を履いていると、父が愛犬を抱いて居間から出て来た。母は外出して不在だった。

「気をつけて戻れよ」

「ああ」

靴を履き、バッグを手にした。

「俺さ……」

少し間を置く。

「イラクに行くことになったから」

父の顔は見なかった。いや、見られなかった。

「……いつ。いつ行くんだ？」

「詳しい出発の日程はまだ言えないんだ。母さんにも話しておいて」

父親のショックが伝わってくるようだ。重苦しい空気に押しつぶされそうで、早く玄関から出たかった。

「……わかった」

「じゃあ、行ってくる」

バッグをつかみ直して、逃げるように家を出た。

陽もすでに落ちて、高速道路の照明に何度も照らされる。車のハンドルを握りながら母のことを考えた。やはり自分の口から伝えるべきだったのか。私のイラク行きを知ったら母はどんな表情をするだろう。父の顔さえまともに見られなかった私だ。もし直接母に伝えるとしてもうつむいたまま話すことになっただろう。

3 灼熱のイラクへ

隊旗授与

2004年8月8日、青森駐屯地。第3次イラク復興支援群隊旗授与式会場の壇上で、石破茂防衛庁長官が第3次イラク復興支援群長、松村五郎1等陸佐に「派遣隊旗」を授与した。松村1佐が隊旗を力強く受け取る。報道陣が一斉に群がり、カメラのフラッシュが光る。

私は列中から壇上の様子を見ていた。列席したのは自衛隊からは石破防衛庁長官、先崎一(まっさきはじめ)陸上幕僚長、東北方面総監、第9師団長、そして陸海空自衛隊の高官、一般からは青森県副知事をはじめ青森・岩手・秋田の各県選出国会議員、県市町村、各関係機関から多数の来賓である。

来賓の挨拶や電報の披露は駐屯地記念日の式典よりも多く、いかにこの隊旗授与式が重要な

青森駐屯地での隊旗授与式の直前に岩手駐屯地で開かれた派遣隊員出発式。駐屯地司令への出発報告のため、第９特科連隊本部隊舎前まで行進する（中央手前が筆者）。この様子は当日夕方の県内ニュースでも報道された。

式典かわかる。そして、この日の夕刻、松村群長以下１４０名からなる第３次イラク復興支援群第１波が政府専用機で青森空港から出発した。派遣部隊は三つのグループに分かれ、それぞれ第１波、第２波、第３波と呼ばれた。私は第２波で出国することになり、出発は１週間後の8月15日であった。

出国の前日、8月14日は実家で過ごした。「最後の晩餐」という言葉が何度も頭をよぎったが、そのたびに（バカ、そんなことを考えるな）と自分に言い聞かせた。夕食を済ませ、自室で荷物をまとめると、ベッドに寝転んだ。天井を見上げながらいろいろなことを考える。明日の今頃はもう飛行機の中か、そして明後日にはもうクウェートに着くんだな。中東は一体どんな所だろう。そんなことを考えながら目を閉じた。

そして迎えた8月15日。早朝に実家を出発する。車に乗り込む前に愛犬を何度も抱きしめた。何かを感じたのか、寂しそうに見つめる愛犬に後ろ髪引かれる思いで車に荷物を積み、乗り込んだ。両親はもう1台の車に乗り、2台でともに岩手駐屯地へ向かう。到着後は一度駐屯地で別れ、隊員用、家族用のバスにそれぞれ乗り、青森駐屯地でまた落ち合うことになった。青森駐屯地では第2波出国行事が挙行され、東北方面総監からの訓示を受けた。また、駐屯地食堂での家族懇談もあった。

父親が言う。

「とにかく体に気をつけてな」

どの隊員の親や家族も言うことはみな同じなのだろう。

体に気をつけろ。

怪我や病気にも気をつけろ。

そして……必ず無事に帰ってこい。

出国行事が終了すると、いよいよ見送りだ。多くの隊員の声援を受けながら衛門まで行進する。師団管内から派遣隊員を見送るために多くの隊員が集まっていた。青森駐屯地の隊員も総出である。そして派遣隊員の家族。

見送りの家族や隊員の人垣が道路の両端を埋め尽くす。衛門の手前には派遣隊員を青森空港まで送るバスが待機し、先導は青森県警察のパトカーだった。

行進の列が動き出す。道の両端からたくさんの激励の声をかけられる。駐屯地全体が声援に包まれているようであった。私が所属する戦車大隊の隊員も各中隊長以下、笑顔で見送ってくれた。我々派遣隊員の不在の間、原隊で日常的に行なっている業務は所属中隊の隊員が代わりに担当してくれる。中隊の人手も減って負担も少なからずかけてしまうことになり、仲間には申し訳ない気持ちであった。それでも中隊の仲間は笑顔で送り出してくれた。

「ありがとうございます！　行ってきます！」

敬礼で応える。最後に師団司令部庁舎前で多くの高級幹部の見送りを受け、バスに向かう。

出発、それぞれの別れ

バスのかたわらには多くの隊員家族がつめかけていた。すぐにバスに乗り込む者、家族や恋人の許へ駆け寄る者などいろいろだった。私はバスから少し離れた場所にいた両親に挨拶に行った。両親の言葉は何度も聞いた。私の体を気遣う言葉だ。本当にそれしかないから繰り返して言うのだろう。母は泣いていた。私も二人の健康を願い、そして実家にいる愛犬が寂しがらないよう、よろしく頼むよと何度も繰り返した。

「では、行ってきます」

バスに乗車する。すでにほとんどの隊員が乗り込んでいた。すべての窓が開かれ、隊員たちが体を乗り出し、家族に声をかけたり手を振ったりしている。空いている席がないかと車内を進むと、

「おい、ここ空いてるぞ」と声をかけられた。

声の主は車輌整備班で私と同じDチームに所属するK3曹だった。

「窓側に座れよ」

「え、いいんですか？」

「いいよ、俺には見送りはいないからさ……親御さんに手を振ってやれ」

「すみません、ではお言葉に甘えて……」

窓側に座り、外を見る。

隊員とその家族がそれぞれの別れを交わす様子をじっと眺めた。人が脇目もふらず、感情のおもむくままに言葉を交わし、抱擁する姿を心から美しいと思った。

両親を探すと、二人は最後に言葉を交わした場所にいた。

ねぶたの囃子（はやし）と見送りの人たちの声で騒然とするなか、再び両親に手を振る。

長い笛が鳴り響いた。出発の合図だ。

見送りの人たちの声が一段と高くなる。涙を流す人も一人や二人ではなかった。

先導のパトカーがゆっくり衛門を通過し、続いてバスも動き出す。

私は両親の姿が見えなくなるまで手を振り続けた。

バスが衛門を通過すると、それまで窓から手を振ったり身を乗り出していた隊員たちも着席して、車内の興奮は収まりつつあった。ところが今度はやたらと耳障りな声が聞こえてきた。

「自衛隊のイラク派遣反対！」

窓を開けると、横断幕を持った数人がイラク派遣反対のシュプレヒコールを上げていた。よく見ると、息巻いているのはハンドマイクを持った者だけで、横断幕をかかげた者の中には声も上げず、うつむいたままの者も見られた。

「なんだよ、覇気のない反対派だな。無理矢理連れてこられたか、人数揃えのバイトか？」

笑いながらそんなことを隣のK３曹と話していると、同じ車輌整備班のＯ３曹が立ち上がり、開いている窓から体を乗り出した。

「うるせえ！　お前らが帰れ！」

０３曹が大声で怒鳴ると車内は笑いと拍手に包まれた。

バスが速度を上げる。市街地を抜け、外の景色は田畑が目立つようになった。しばらくして、あることに気がついた。バスは一度も止まらずに青森空港へ向かっている。随分スムーズに進むものだと思っていたら、信号がすべて青なのだ。

すべての信号に警察官が配置され、車列が通行する間、信号を手動操作で青にしているようだった。車列に向かって敬礼する警察官もおり、私も感謝の気持ちを込めて答礼した。

よく見ると警察官だけではなかった。老若男女、多くの人が歩道や道端、民家の庭先や２階から車列に手を振ってくれていた。

民家も見えなくなり、しばらくして青森空港に到着。車列はターミナルには止まらず、奥のゲートから直接駐機場に入った。ここでしばらく待機を命ぜられた。すでに我々が乗るチャーター機が駐機し、タラップも設置されていた。チャーター機はタイの航空会社プーケット・エアのボーイング７４７型機であった。

「さあ、次はクウェートだ」

少々長い待機の後、搭乗要領の説明を受けた。まず手荷物を機内に置き、一度降りて再度行進して搭乗するという。バスを降車し、一度機内へ。座席に手荷物を置き、飛行機を降りる。ターミナルの屋上を見ると、送迎デッキは見送りの人でいっぱいになっていた。両親はあの中にいるのだろうか?

駐機場端で整列する。搭乗の時間だ。列が進むと青森駐屯地を発つ時と同じように、送迎デッキから歓声が上がった。派遣隊員たちも皆、手を振る。タラップが近づく。そして私の搭乗。

ステップに足をかける前に送迎デッキに正対して敬礼する。

そして小声で「行ってきます」

タラップを昇り、機内へ入る。座席に座り、ひと息ついた。

さあ、次はクウェートだ。

奇しくも終戦記念日である2004年8月15日、19時30分。我々イラク第3次復興支援群第2波を乗せたプーケット・エアのボーイング747は青森空港の滑走路を蹴り、漆黒の空へ舞い上がった。

目指すは中東、クウェート。

4 クウェートに到着!

タイを経て灼熱の地、中東へ

青森空港を離陸してからは窓の外を眺めたり、眠ったりの繰り返しだった。窓から地上を見ると、明かりがポツポツと点っている。街や集落も見えた。青森からの飛行時間を考えると、その場所が日本ではないのは明らかで、ここはどこの国だろう? 今どのあたりを飛んでいるのだろう? そう考えるのは楽しかった。何せ生まれて初めて国外に出たのだから。

クウェートに着けば今ほどリラックスできる時間もないかもしれない。機内にいる数時間だけでも心身ともに休んでおきたい。窓の外は漆黒に染まり、それまで見えていた明かりも見えなくなると、シェードを降ろした。機内食を食べると眠気がさしたので、シートに深くもたれて目を閉じた。

機体の動きで目が覚めた。飛行機は降下している。シェードを上げると、街の夜景が広がっていた。タイ・バンコク。飛行機はトランジットでバンコクのドンムアン国際空港（2004年当時）に降り、我々も一度降りることになっていた。

待機時間は2、3時間ほどだったと思う。ターミナル内での行動は自由とされた。

さて、どうやって時間をつぶそうかと思案していると、何やら視線が気になった。ふと顔を上げるとさまざまな国の観光客が我々を凝視している。無理もない。迷彩服の集団が突然ターミナル内に現れたら何事かと思うだろう。私は居心地が悪くなり、そそくさとその場を離れ、土産物屋などをうろついた。それでもなかなか時間は過ぎず、それならとマッサージを受けることにした。これがまた気持ちよく、眠ってしまいそうだった。マッサージをしてくれた女性は時々話しかけてきたが、あまり聞き覚えのない言葉で、英語で返事をしてみるものの、彼女と客待ちの女性従業員らは私の言葉に皆そろってクスクスと笑うのだった。

（俺、何か変なこと言ったのかな……？　まあいいや）

終わりだと言われ、代金を払って店を出ると、搭乗時間まではまだ時間はあったが、飛行機に戻った。途中で仲間と会い、何をして過ごしたか聞くと、ほとんどの隊員は軽食を摂っていたようだった。

搭乗時間を過ぎ、機内で点呼、全隊員の搭乗が確認された。

目を覚ますと、見たことのない景色が窓の外に広がっていた。広大な砂漠と青空。初めて見る景色に感動し、しばらく窓の外を眺めていた。

飛行機が動き出し、滑走路に入る。そして離陸。

バンコクの美しい夜景を眼下に眺めながら、次はいよいよ中東だな、と思う。夜も明けているだろう。どんな景色が見られるだろうか。

何時間眠っただろうか。機内のざわめきで目が覚めた。前方を見ると、シェードの開いている窓がいくつかあり、それらから日光が機内に差し込んでいた。シェードを上げると青空が眩しい。すぼめていた目を開き、外の景色を見ると……。

「おお……」

自然と声が出る。

見渡す限りの青と黄土色。地上には砂漠が広がり、空は濃い青空だった。

ほかの隊員たちもみな起きて窓の外を見ている。

「もう少しで着くらしい」。隣の隊員が私に声をかけた。

「いよいよですね」

「もう少しって言っても、あと1、2時間くらいはかかるようだけど」

私は再び窓の外を見た。もうこんなところまで来たんだ……。

そのうち、窓から海が見え、市街地も見えるようになってきた。飛行機も高度をかなり落としている。

(ここがクウェートだろうか?)

近代的なビルや高層住宅が建ち並び、その間を広くまっすぐな道路が何本も通っている。市街地の外側は砂漠が広がっていた。

見るものすべてが珍しく、ずっと外を眺めていたら、飛行機はあっという間にクウェート国際空港に隣接するムバラク空軍基地に着陸した。

飛行機は時間をかけてタキシングし、ターミナルから離れた場所に駐機した。

隊の幹部が降機要領について説明する。

いよいよ中東の空気を吸える。

「外、50度だってさ」

誰かの声で皆が一斉に声を上げた。

「マジかよ……」

飛行機のドアが開かれた。

前の席の隊員が次々と立ち上がり、機の前方へと進んで行く。私も立ち上がり、列に加わった。乗降口が見えた。皆、次々と降りていく。私の番だ。タラップに進む。

眩しい！　太陽光に目を細めると、乾いた熱気が喉を通った。同時に今まで感じたことのない熱気が体を包む。

驚きで声も出ない。湿気は感じられない。これは何かに似ている……そう、サウナだ。クウェートの外気はサウナそのものだった。

（これが中東の熱気……この中で任務につくのか？　こんな暑さのなか、鉄帽に防弾チョッキのフル装備でいたらすぐ熱中症になっちまうぞ）

タラップを降りながら大丈夫だろうか、と心配になる。しかし、人間の体は状況・環境に適応していくものだ。私はこれまでの自衛隊生活でそれを学んだ。大丈夫だ。

駐機場を歩く。飛行機から離れた場所に大型バスが数台並んでおり、乗車の指示が出る。車内のすべての窓のカーテンが閉じられていた。エアコンは入っているようだが、効きは悪く、快適とは言いがたかった。また移動か。少し、静かで涼しい場所に行って休みたい。

世界有数の暑さの洗礼を受けながら、私は連続する移動に少々うんざりしていた。

キャンプ・バージニア

ムバラク空軍基地から40~50分ほどの道程だったと記憶している。バスはクウェート市の北西に位置するアメリカ軍の宿営地「キャンプ・バージニア」に到着した。警備体制の秘密保持のためか、降車地に到着するまでカーテンを開けて外を見ることは禁止された。ゲートと思われる場所からさらに数十分ほどバスは走り続けた。想像以上に広大な敷地のようだ。

ようやくバスが止まり、降車する。相変わらずのきつい日差しのなか、眼前には大型の天幕がいくつも並んでいる。足下を見ると、地面は海岸の砂浜のようなサラサラした砂に覆われた砂漠だった。

サマーワ移動までの数日間、ここで移動準備や各種訓練を行なう。

指示された天幕に入る。中は照明が完備され、多数の簡易ベッドが整然と並んでいた。100名ほど収容できるという。キャンプ・バージニア滞在間はここで寝泊まりする。何よりありがたかったのは、巨大なエアコンが天幕に接続されており、天幕内は常に涼しかったことだ。送風口は人が入れそうなほど大きく、冷風が常時勢いよく吹き出していた。送風口に近いベッ

キャンプ・バージニアの天幕地区。大型の宿営用天幕が整然と並ぶ。天幕の数が多く、似たような風景のため、時に自分の宿泊している天幕がわからなくなり、探し回ることもあった。

ドをあてがわれた隊員は快適どころか逆に寒すぎて寝られず、毎晩毛布にくるまって寝たという。

食事はキャンプ・バージニア到着後、何度かアメリカ軍のＭＲＥ（戦闘糧食）が支給され、それを天幕内で食べたが、食堂での喫食が可能になってからは1日3食、食堂で食事ができた。食堂は宿泊している天幕からやや離れており、移動は徒歩で10分ほどかかった。

風が強い日は砂が舞うので、野外での移動時、ブーニーハット、ゴーグル、バラクラバ（首から口、鼻を覆う筒状の布）は必需品だった。

食堂に着いてもすぐに入れることはまれで、たいてい順番待ちの長い列ができていた。我々自衛隊だけではなくアメリカ軍をはじめ、キャンプ・バージニアに集結している多国籍軍、各国部隊の兵士たちが同じ時間帯に食堂に集まるからだ。これは日本でもよく見られる光景。自衛隊の駐屯地や基地の隊員食堂で喫食待ちの列ができるのはよくあることで、慣れたものだった。

列中で待っているのが退屈なのはどこの国の兵士も同じようで、国籍を超えて世間話をする光景があちこちで見られた。私は英語を話せたので、時々他国の兵士と会話した。多国籍軍のほとんどの兵士が砂漠迷彩の戦闘服を着用しているなか、緑系の通常迷彩の戦闘服を着用している自衛隊員は特に目立ち、他国の兵士から話しかけられたり、一緒に写真をとらないかと誘われることも多かった。これは食堂に限らず、売店など、ほかの場所でも同様であった。

食堂はビュッフェ形式で、入口でプラスチック製の使い捨てトレイとフォークを受け取ると、主食を配食係から盛ってもらい、副食は食べたいものを好きなだけ取ることができた。料理の種類も豊富で、食事はキャンプ・バージニア滞在間の楽しみの一つとなった。ただし、高カロリーの食事ばかりで体重の増加が少々気になった。

配食員は兵士ではなく、アメリカ軍に雇われている一般人と聞いた。彼らの外見から国籍まではわからなかったが、ほとんどは中東地域の人たちのようだった。フライドポテトの配食係は「イモ！　イモ！」と連呼しながら盛ってくれ、自衛隊員には人気だった。おそらく先に派

宿営用天幕の内部。簡易ベッドの配置にもよるが、100名ほどは優に収容できる広さをもつ。大型のエアコンが設置されており、内部は涼しく快適に過ごせた。

宿営用天幕から食堂へ向かう筆者。キャンプ・バージニアは強風に見舞われることがよくあり、砂塵が舞う中を移動することもよくあった。その際は防暑帽を深くかぶり、顔面や首を保護する。筆者が着用しているのは私物で、マルチラップと呼ばれるもの。

遺された隊員が教えたのだろう。

食堂でもう一人思い出すのはゴンザレス軍曹だ。食堂には少数のアメリカ兵が常駐し、配食係の管理指導や軽作業をしていたが、ゴンザレスもその一人だった。いつもふて腐れたような

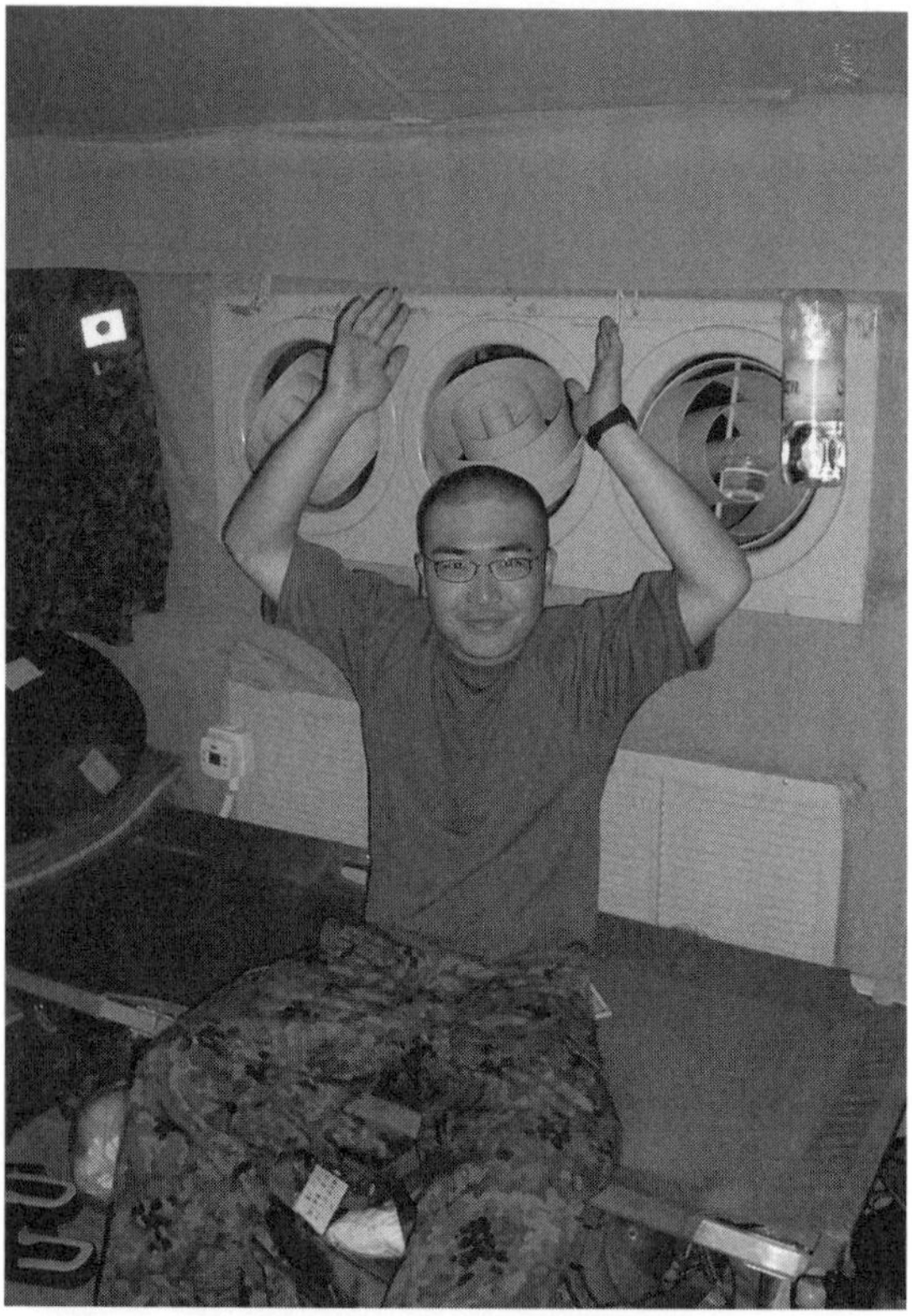

宿営用天幕内の簡易ベッドでくつろぐ筆者。後方に見えるのはエアコンの吹き出し口。宿営用天幕のエアコンは常時作動しており、吹き出し口からは勢いよく冷風が吹き出す。

表情で椅子にふんぞり返り、プラスチックトレイを並べるだけ。ゴンザレスはほぼ毎日、食堂の入口横に座って同じ仕事をしていた。一度「おはようございます、軍曹」と挨拶してみたのだが、彼は私を見ることもなく、いつも通り、ただ投げるようにトレイを並べるのだった。

当然のことながらキャンプ内には浴場はなく、代わりにプレハブのシャワールームがあり、ここで一日の汗や体の汚れを洗い流した。洗面所もあるが、ここも共用で、起床後や訓練・勤務が終了する夕方は各国の兵士で常に混雑していた。

トイレは可搬式のものが至る所にあった。日本の工事現場で見かけるものより大きく、使い心地は悪くないのだが、内部はとにかく暑く、即座に用を足さないと汗だくになる。清掃はされず、汚水タンクがいっぱいになれば交換か汲み取りをしているようだった。そのため、汚れのひどいトイレも多く、何とか使える所を探してキャンプ内を歩きまわることもあった。

あるトイレは内側の壁が真っ黒で、よく見たら油性ペンで書かれた各国兵士の落書きだった。小学生並みの落書きで、他国部隊の悪口や意味不明の言葉がさまざまな言語で書かれていた。トイレの周囲に水道はなく、その代わりに消毒ジェルのディスペンサーがあり、それで手を洗った。しかし、そのディスペンサーすら空になっていることも多く、自腹で消毒ジェルや消毒液を購入して使うことも多かった。

5 戦士たちの宴会

人気の5円玉――物々交換で交流

キャンプ・バージニアはイラクに展開する多国籍軍の展開準備、または帰国準備の拠点として機能している宿営地だった。毎日のように大型バスやトラックが天幕地域に出入りし、さまざまな色や柄の迷彩服を着た兵士たちが着いたと思えば去って行く。

私たち第3次イラク復興支援群第2波の滞在期間中、キャンプ・バージニアで生活をともにしたのは主にアメリカ、韓国、エルサルバドル、フィリピン、グルジア（ジョージア）の各軍だった。

彼らとキャンプ内で会う時は右手を軽くあげて挨拶するのが慣例となっていた。時には英語で簡単な挨拶をすることもあった。

食堂の出口付近には喫煙所があり、ちょっとした交流の場となっていたようだ。私はタバコを吸わないので喫煙所には近づかなかったが、タバコを交換したり、タバコを切らした兵士に別の国の兵士が自分のものを勧めたりといった光景がよく見られたという。

また、天幕地区には巨大な凸型のブロックが等間隔で置かれており、ここも各国兵士のたまり場となっていた。1日の業務を終え、夕方、ブロックに腰かけて沈む夕日を見ながら会話したり、身振り手振りで意思疎通をはかったり、タバコや菓子、小物などの物々交換をよくした。

夜になると、他国の兵士が自衛隊の天幕を訪ねてくることがあった。入口で中の様子を探ろうとしている兵士に「やあ、何か用かい?」と声をかけるとみな集まってきて「お前は英語を話せるのか?」と聞いてくる。

「簡単な英語なら話せるよ」

「ここは日本隊の天幕だろ? 日本人と物々交換したいんだ。仲間を呼んでくれないか」

彼らの手にはメダルやバッジ、ワッペンなどが握られていた。ベレー帽を持ってきた兵士もいた。

天幕の中の同僚たちに声をかける。

「皆さーん! 天幕の入り口に他国の兵士が来ていて、物々交換したいそうでーす!」

すると、何人かの隊員がバッグをごそごそと探り、さまざまな物を持って集まってくる。

「何でもいいの？」

「日本らしい物であれば、たぶん彼らは喜ぶんじゃないですかねぇ……」

物々交換で他国の兵士や、キャンプ内で勤務する外国人に喜ばれる物はやはりバッジやワッペン、それから日本語が記してある物だった。意外だったのは50円玉と5円玉を欲しがる者が多かったことだ。理由を聞くと、穴の開いたコインは珍しいからだという。しかも綺麗な5円玉は金色なので見た目の高級感からか、交換するとこちらが驚くほど喜ぶ者もいた。

緑系迷彩服着用は自衛隊だけではなかった

多国籍軍といえば、先にも触れたが、迷彩服の色の話がある。

日本では出国前に散々議論され、砂漠地帯で通常の緑系迷彩の戦闘服を着用し、任務につくのは目立って危険という意見も出たようだが、逆に緑系迷彩の戦闘服を着用することで現地の人の目につきやすく、「我々自衛隊は戦いに来たのではない。イラクの復興をお手伝いさせてもらうために来た」という意思表示になるということで落ち着いたと記憶しているが、実のところ緑系迷彩の戦闘服でイラクに展開した軍はほかにもある。私が見ただけでもエルサルバドル軍、フィリピン軍、グルジア軍、フィジー軍の兵士は緑系迷彩の戦闘服を着用していた。我々陸上自衛隊だけではなかったのである。

カフェ「グリーン・ビーンズ・コーヒー」

我々に割り当てられた宿泊用天幕から食堂まで、やや距離があることは述べたが、食堂のさらに奥に売店があった。日本の一般的なスーパーマーケットよりやや小さいくらいの規模で、扱っている商品は多彩でとても便利だった。テレビゲームのソフトやデジタルカメラも販売しているのには驚いた。

売店のほかにもプレハブの建物が数軒並んでいて、カフェや土産物屋などがあった。そして建物に囲まれるような形で広場があり、そこには多数の木製テーブルと椅子が並べられていた。

テーブルの上は簡素な屋根が組まれ、バラキューダ（偽装網）がかけられていて、いかにも兵士のたまり場といった雰囲気だった。夕方あたりから買い物や疲れを癒やすために各国の兵士が売店地区を訪れるが、彼らの多くは売店で購入したノンアルコールビールを手に広場にやってくる。

もちろん酔っているわけではないが、毎晩、国籍を問わず多くの兵士が集まり、盛り上がっている姿は宴会そのものだった。そして「宴会」は売店が閉店してもしばらく続くのが常だった。

カフェの名前は「グリーン・ビーンズ・コーヒー」で、3~4人ほどのスタッフが働いていた。キャンプ滞在中、ほぼ毎日通っていた私は、アニーシという名の若いインド人スタッフと仲良くなった。店に入るとたいてい彼が寄ってきて「やあ軍曹、今日は何にする?」と聞いてくる。ドーナツをサービスしてくれたり、ナツメヤシの実をくれたこともあった。

「これ食べてみなよ」

「これは?」

「ナツメヤシの実さ。うまいよ」

「初めて見たよ。どれ……」

初めて口にしたナツメヤシの実はレーズンのような味がした。外見も大きめのレーズンのようだった。

「どうだい?」

「う……うまいよ。でも変わった味だ」

そう言うと彼は声を上げて笑った。

ナツメヤシの実は「デーツ」と呼ばれ、中東やアフリカではポピュラーな食べ物であり、多くの栄養素が含まれ、体にも良い食べ物だという。近年は日本でもドライフルーツとして入手できるようになった。

広場に流れるバグパイプの音色

サマーワへの展開も迫ったある日、訓練を終えて、いつものように売店でノンアルビールを買い、広場へ向かった。その日はすでに席はすべて埋まっていたので、カフェの横に置いてあるブロックに腰かけて同僚と一緒に飲み始めた。

しばらくすると、何やら楽器の音が遠くから聞こえてきた。

音は次第に広場に近づいてくる。

(この音……何だっけ……そうだ、バグパイプだ)

音の主が現れる。

バグパイプを吹き鳴らしながら登場したのは一人のアメリカ兵だった。

ざわついていた兵士たちが一斉に拍手と大歓声で彼を迎える。

当のアメリカ兵はちらりと皆を見たが、そのまま演奏を続けた。バグパイプの「バッグ」と

広場に集まった大勢の多国籍軍の兵士たちの前でバグパイプを演奏するアメリカ軍の兵士。赤く染まる夕空と相まって、幻想的な光景が眼前に広がった。右上は筆者がこの兵士からもらった貴重なピンバッジ。

呼ばれる袋にはご丁寧に砂漠迷彩のカバーがかけられている。

広場がバグパイプの音色で満たされていくと、次第に歓声は収まっていき、兵士たちは皆うっとりと聴き入っていた。

地平線に陽が落ちていく。周囲が薄暗くなるなか、バグパイプの奏でる音色だけが広場に響き渡る。

幻想的な光景だった。

陽が完全に落ちる直前、闇があたりを包む前に彼はゆっくりと演奏を締めくくった。

しばしの静寂、そして大歓声。

彼を讃える歓声と拍手はなかなかやまなかった。

彼は照れくさそうにそれに応えると、私のすぐ近くに座り込んだ。

「素晴らしかったよ。本当に感動した」

私を見ると、彼は「ありがとう」と言って笑顔をみせた。

ちょうど戦闘服のポケットに復興支援群のピンバッチが一つ入っていたので、「これ、素晴らしい演奏を聴かせてくれたお礼だよ」と言って渡すと「これは大事なものじゃないのか？　いいのかい？」と聞いてきた。

「問題ない、受け取ってもらえないか」と言うと、今度は彼が「じゃあ、これと交換だ」と黄色の小さいピンバッジを取り出し、私の手のひらに置いた。

バッジにはバグパイプのシルエットが描かれていた。

「これは？」

彼はバグパイプの技術レベルに応じて着用するバッジだと説明した。

「これこそ大事なものだろう」

「いいんだ。もらってくれよ」。そして写真を取り出して見せてくれた。彼と若い女性、そして小さな男の子が写っている。

「俺はスコットランド出身でね。バグパイプは昔から吹いていたんだ。この写真に写っているのは妻と息子だ」

――じゃあ、必ず無事で帰らなきゃな。早く帰れるといいな。そんな言葉を飲み込む。彼がどのような部隊の所属かはわからないが、アメリカ軍はイラク北部で掃討作戦を行なっている最中だ。

しばらく雑談を交わした。気がつけば陽はすっかり沈み、周囲は暗くなっていた。

「そろそろ戻るよ」。彼がバグパイプを手に取る。

「ああ、俺たちも戻るよ。今日は素晴らしい演奏をありがとう」

立ち上がってガッチリ握手を交わした。

6 サマーワにようこそ！

炎天下での実弾射撃訓練

キャンプ滞在中、訓練はほぼ毎日実施された。

特に射撃訓練は重点的に行なわれた。気温50度前後、照りつける太陽の下、フル装備で各種射撃法を用いて実弾射撃を行なうのだ。フル装備での射撃は日本でも実施したが、非常に高い気温の中での行動に体を慣らさなければならない。

銃の保管場所は天幕内で、野外へ持ち出すのは訓練時のみだが、それほど汚れや砂の付着がなくとも、訓練後の銃の手入れは念入りに行なった。いざという時、自分や仲間の身を護る個人装備は、この89式小銃1丁だけだ。まさに相棒（バディ）である。

サマーワへの移動日が近づくと、キャンプ内で第2次イラク復興支援群の隊員を見かけるよ

サマーワ展開前、キャンプ・バージニア滞在時にも射撃訓練が実施された。「射場」とはいうものの、何もない砂漠のど真ん中に的を立てての射撃訓練である。

うになった。彼らは我々とは逆に装備品の返納、格納や整備、荷造りなどの帰国準備を行なっている。

野外で会う時は「お疲れ様です」と互いに敬礼を交わす。私が目を奪われたのは、彼らの顔つきと着用している戦闘服だった。

第2次群の隊員はみな顔つきが違うように感じた。大げさかもしれないが、それはまさに「戦場」から帰ってきた人間の顔つきなのだと思った。たった3か月でこのような精悍な顔つきになるのか。

自分も3か月後、ここに戻ってきた時に同じような顔つきになっているのだろうか。

彼らの戦闘服はすっかり色褪せ、かなり傷んでいるように見えた。破れや補修の痕がある戦闘服を着用している隊員も散見された。

毎日強烈な日差しの中、そして高温下で着用し、洗濯を繰り返せばこのようになるのだろう。派遣隊員に支給された防暑戦闘服は国内で日常的に着用している戦闘服とは材質が異なり、通気性や速乾性を考慮して製造され、麻のような触感だった。

サマーワから戻って来た彼らの姿を見て、ますます気が引き締まった。

C-130輸送機でイラクへ

2004年8月22日。ついにサマーワへの移動日を迎えた。

我々第2波は部隊を半分に分けられ、それぞれ第1梯隊、第2梯隊と呼称された。22日に第1梯隊、23日に第2梯隊がサマーワへ移動することになった。私は第2梯隊に振り分けられ、翌日にサマーワへ向かう。

8月23日。午前4時に起床し、準備にかかる。天幕内を片付け、トラックに荷物を積み、キャンプ・バージニアからクウェート空軍アリ・アルサレム空軍基地へ移動した。到着後、しばらく待機する。

その間、航空マニアの私は、駐機場に並ぶクウェート空軍機を見つけて興奮していた。海外においてもクウェート空軍機を見られる機会は非常に少なく、その姿はわずかに公開された写

航空自衛隊のC-130H輸送機。通常は緑系迷彩で塗装されているが、クウェートに派遣された機体は水色の塗装が施された。パイロットをはじめ、輸送機のクルーも攻撃を受けた際の対処など、さまざまな訓練を受けている。

真でしか見たことがなかった。写真を撮りたかったが、間違いなくトラブルの原因になると思い、あきらめた。ここは外国の空軍基地内だ。友軍とはいえ軍用機の無許可撮影などスパイ行為とみなされるだろう。

イラクの派遣期間中、数か所の軍事施設などを訪れる機会があったが、写真撮影をはじめ、施設内の移動など、許可がない場合は厳に慎むよう心がけた。

我々が乗るのは航空自衛隊のC-130輸送機だ。輸送機の準備が整うと、搭乗準備の指示が出た。防弾チョッキを着込み、鉄帽をかぶり、小銃とバッグを持って整列する。搭乗指示で列を組んで輸送機の後部貨物扉から搭乗、機内のシートに腰を下ろした。貨物扉が閉鎖されると外の様子はまったく見えなくなった。

輸送機のランディングギア（降着装置）を介して伝わってくる機体の挙動でその動きを予測した。しばらくタキシングしていた輸送機が止まる。滑走路に入ったか。エンジンの音が高まり、機体が滑走を始めた。そして体が浮かぶ感覚。

我々を乗せたC－130輸送機はアリ・アルサレム空軍基地を離陸した。

輸送機は高度を上げ、順調に飛行していた。機体の所々にある小窓から光が機内に差し込んでいる。

機体上部には半球形の窓、バブルキャノピーが設置され、航空ヘルメットをかぶった輸送機の乗員が周囲を警戒している。

我々はフル装備で機内に乗り込み、ネット状の簡易シートに座っている。隣の隊員とくっつくように座り、足元には個人の手荷物が所狭しと並んでいる。快適とは言いがたい状態だったが、寝ている隊員もちらほらいる。機内を満たす轟音とすし詰め状態で睡眠できるとはたいしたものだ。

私は睡眠どころではなかった。輸送機は敵性勢力が保有する携帯式地対空誘導弾などの脅威にさらされる可能性があると耳にしていたので、目を閉じても寝られなかった。そのうち、同僚からどうやらイラク上空に入ったらしいといわれ、緊張はさらに高まった。外の景色を見たいと思ったが、機内では自由に移動できなかったので、「早く着いてくれ」と祈るしかなかった。

それからどのくらいの時間が経っただろうか。機体が傾き、旋回を始めた。高度も下げているようだ。到着したのだろうか。輸送機の挙動に集中する。かなり高度が下がり、旋回を止めた。滑走路への進入コースに入ったかと思った矢先、機体に衝撃が走った。着陸したのだ。

降りた場所はイラク南東部のタリル空軍基地（2017年以降はアリ空軍基地と改称）。もとはイラク空軍の航空基地だが、アメリカ軍が接収し、イラク南部における多国籍軍の人員や物資輸送の拠点として使用されていた。

天気は相変わらず快晴で、心なしかクウェートよりも暑く感じられた。ターミナルまで徒歩で移動する間、すべてのものが物珍しくて周囲を見まわしていた。イラク空軍が残置した航空機用のロケット弾発射筒や基地防空用の対空機関砲などが駐機場の隅に野ざらしになっており、これらには強く興味を引かれた。

ターミナル内でサマーワへの移動要領および乗車要領の説明を受ける。第2次群のコンボイが我々を迎えるためにすでに到着、待機していた。イラク、クウェートでの車輛移動は任務によっても変わるが、本隊の車輛と護衛車輛を含めると、10台以上の編成になることもあり、我々はこの車列を「コンボイ」と呼んでいた。

各種任務における隊員の乗車区分は、基本的に幹部が軽装甲機動車に、陸曹・陸士は高機動車に乗るようになっていた。

指定された高機動車に乗り込む。軽装甲機動車や高機動車のほか、3トン半トラックなどすべて、隊員が乗る座席やキャビンには防弾板や防弾ガラスによる防護処置がなされていた。高機動車の後部座席には外を見る隙間はなく、車外の景色を見るには車内後部の床にあぐらをかき、前部のフロントウインドウやサイドウインドウを通して、わずかに外の景色を見るしかなかった。

タリルからサマーワまでの所要時間は約2～3時間ほどで、その間に休憩はない。コンボイは停止しない。できないのだ。車列が停止すれば、敵性勢力などの攻撃を受ける可能性がある。遮蔽物のない道路上に止まったコンボイは丸裸同然なのだ。

出発前、ターミナルのトイレに先に行っておき、乗車後は水分の摂取量に十分注意した。

「サマーワ宿営地にようこそ！」

14時30分、タリル空軍基地を出発。基地を出るとコンボイは速度を上げる。ずいぶん飛ばすなあと思ったが、高速走行も敵性勢力の攻撃への対処の一つであった。

ちなみに、タリルからサマーワまでは国道と高速道路（ハイウェイ）を通行するが、日本のように信号はなく、立体交差で経路を変えられるようになっていた。これはクウェート市内も同様であった（クウェートには信号はあるが、少数だった）。

道中は景色も見られず、たまに同僚と話をするか、水を少しずつ飲むか、寝るしかなかった。２時間以上も休憩なしに車に揺られるのは楽ではないが、観光に来たわけではない。我慢するしかなかった。車内はとにかく暑く、のぼせてしまうようだった。頭痛を訴える隊員も出て来た。

（早くサマーワに着いてくれないかな。着いたら頭からバケツで水を浴びたいくらいだ）

カーブで体が揺れるようになってきた。市街地だろうかと目を開けると、車長が「サマーワに入った！　もう少しで宿営地だぞ！」と後部の隊員に声をかけた。皆やれやれ、ようやく着いたかといった表情だ。

その後、連続したカーブを通った。これがサマーワ宿営地ゲート進入経路の大きな特徴でもある、自動車による自爆テロ対策用の連続カーブだった。

「ゲートを通過した！　サマーワ宿営地にようこそ！　皆が出迎えに来ているぞ！」

スマートフォンやパソコンにインストールされている地図アプリで検索すれば、自衛隊展開時のサマーワ宿営地を確認することができる。

イラクの首都バグダッドから国道1号線を南東に下っていくと、サマーワ市街がある。そこから南下する28号線をたどっていくと、正方形に近い土地が確認できるだろう。位置的にはサマーワ市街の南西にあたる。現在はイラク空軍の施設となっているようだが、拡大して見ると自衛隊が建設した施設がほぼ残っている。28号線から宿営地までのジグザグの通路もそのまま残っている。

高機動車の天井のキャンバス開口部と後部ドアを開ける。ゆっくり進む車列の両側に多くの隊員が並び、拍手や歓声で出迎えてくれた。その肩には日の丸のワッペン。第2次群の残留隊員とわが第3次群第1波および第2波第1梯隊の隊員たちである。こんなに遠い所まで来て仲間に迎えられるというのはこれほどうれしいものかと胸に迫るものがあった。

全隊員が降車し、整列。すでに到着していた支援群長に到着を報告。

解散後、ペットボトルのミネラルウォーターが配られ、私は一気に飲み干した。ひと息ついて、宿営地を見渡す。17時過ぎ。日没が近づいていたが、まだまだ周囲は明るかった。実際の宿営地は思っていたよりもずっと広い。

（ようやく着いたな）

これから約3か月間、ここで任務につくのだ。身が引き締まる思いがする。

7 タフな自衛隊装備

起床から就寝まで

サマーワ宿営地での1日の基本的な流れを簡単に説明しよう。

起床、日朝点呼。サマーワ滞在中は約3か月間ほとんど晴天で、ほぼ毎朝、美しい朝日を拝むことができた。

各支援群にはテーマソング（各群長の好きな曲？）があったようで、わが第3次支援群のテーマソングはJOURNEYの「OPEN ARMS」。多くの人が一度は耳にしたことがあると思われる名曲である。これが毎朝、起床と同時に宿営地内に放送された。この曲をバックに広い青空に朝日が昇るのを眺めていると「今日もやるぞ」と気持ちが高まった。思い出深い曲である。

点呼後は洗顔やベッド回りの整理、着替え。その後、食堂で朝食を摂る。宿営地内には数か

毎朝行なわれる群朝礼。国旗掲揚は日本の国旗とイラクの国旗が共に掲揚される。自分がサマーワに何をしにきたか。それを再認識する瞬間だ。

所の手洗い場があり、水道の蛇口が6口ほど、下には流し台が備えられていた。水道の元は大型の給水タンクで、給水隊が1日に数回水の補充をしていた。その手洗い場で歯磨きや洗顔、ひげ剃りをするのである。

ちなみに、水の使用量が多い時は、タンクが空になり、夜や朝に水が出ないこともしばしばであった。また、昼間は高い気温と日光でタンク自体が熱を持ち、蛇口から温水が出てくることもあった。

その後、宿営地のおおむね中央に位置する朝礼場へ向かう。そこで支援群全体で行なわれる「群朝礼」に参加。自衛隊体操と支援群長訓示、そして、国旗掲揚。日本とイラクの国旗が同時に掲揚される。

整備天幕地区。油脂類や部品、各種資器材が並ぶ。天幕内にはエアコンが設置されていたが、作業時は入口の幕を開放するため、熱風が入ってかなり暑かった。

その後、中隊ごとに分かれて中隊朝礼。続いて整備天幕地区に移動し、整備小隊事務室前で小隊・班朝礼となり、ここで各チームのその日の整備内容が伝達される。解散後、待機天幕で官給品の整備服に着替える。

待機天幕はその名の通り、勤務中の待機や休憩、着替えのための天幕である。個人で棚や収納スペースを作り、そこに私物を置いていた。もちろんエアコン完備で冷蔵庫もあった。

着替えた後は主に整備天幕やその周辺でチームごとに割り当てられた整備作業を行なう。整備天幕内にはエアコンが設置されていたが、作業中は二つある入口幕を両方開放することが多く、常に熱風が吹き込んで天幕内の温度は高かったが、日光をさえぎるだけまだましだった。また、全チームが整備天幕を使用できるわけではなく、野外で整備するチームは日光と暑さに耐えながら整備しなければならなかった。

このような状況なので、休憩はこまめにとられ、隊員たちはそれぞれミネラルウォーターなどのペットボトルを常に手の届く所に置き、水分補給を十分にしながら作業した。熱中症に対する注意、対策は支援群全体に徹底され、絶対に無理はするなとの達しが出ていた。それが功を奏し、熱中症で体調を崩す隊員はほぼいなかったと記憶している。

午前の業務が終了すると、食堂で昼食を済ませ、休憩後、午後の業務を開始。

夕方、時間と作業進度をみて16時過ぎから片付けや撤収、次の日の準備を行ない、中隊終礼に参加。

終礼と17時の国旗降下後は基本的に消灯まで自由時間となる。夕食、体力練成（ランニングやトレーニング天幕でのトレーニングなど）、売店での買い物、入浴など過ごし方はさまざまだ。

そして消灯。次の日の業務に備え、就寝。

望楼での警戒勤務にあたっている日は、指定された勤務時間に合わせて起床。上番（じょうばん）（自衛隊の部内用語で特定の勤務や業務についたり、配置されること。反対にこれを離れたり、解除されることを「下番（かばん）」という）する前にフル装備で警衛所に集合し、点呼と連絡事項の伝達を受けた後、割り当てられた望楼で警戒にあたる。私は寝過ごしを防ぐために腕時計のアラームを毎回セットしていたが、たいてい鳴る前に目が覚めた。

砂や熱が原因の故障はほとんどなかった

私が担当した車輌整備は、各種車輌の定期整備が主要な業務だった。時には不具合が出た車輌の修理もあったが、意外にも砂や熱が原因の重大な故障はほとんどなく、支援群の装備車輌の稼働率は非常に高かった。定期整備で車輌のエアクリーナーエレメントの交換を実施した際、砂がドッサリ詰まっているのではという私の予想は外れ、木の台の上でコトコトと衝撃を与えても、少量の砂が落ちるだけであった。

派遣前、各報道機関が「日本国内での運用を考慮して作られた陸上自衛隊の装備が、イラクの厳しい環境下で、果たして問題なく稼動するだろうか」という疑問を呈していたが、私の見る限り、武器、車輌、個人装備など、何日間も使用を見合わせるような大きなトラブルを出した装備品はほとんどなかった。むしろ各種装備品の良好な稼働状況に驚かされたのは我々派遣隊員の方であった。

また、整備作業の間にはこんなこともあった。

ある日、車輌整備班に大きな段ボール箱が数個届き「これをLAV（軽装甲機動車）全車の車内に取り付けよ」と指示された。皆で箱を開けて中を見ると、小型の扇風機が多数詰まっていた。市販のカー用品である。非常に簡素な造りで、「これ、オモチャだろう……」と、みな口を揃えて首を傾げたが、指示は指示。扇風機は定期整備に入ってくるLAVに順次取り付けていった。

ところが数週間後、今度は「LAVの扇風機をすべて外せ」との指示。LAVを主に運用する警備中隊から苦情が入ったのだという。曰く「涼しくない」「じゃま」ということらしい。それを聞いた我々は、それ見たことかと苦笑しながら扇風機を取り外した。

頼りになる「整備小隊」

支援群の隊員数はそれほど多くなかったので（第3次イラク復興支援群は約500名）、少しでも手が空くと、ほかの部署の作業の手伝いなどに呼ばれることもよくあった。整備小隊の隊員はその技能から、何でも直せて力持ちで作業にはもってこいとのイメージが支援群内で定着していたのだろう（実際そうなのだが）。

自隊での整備作業で多忙な時もあったが、宿営地でともに暮らす「家族」の頼みをないがしろにするわけにはいかない。整備小隊の隊員は工具を持参して宿営地内のあちらこちらへ修理や手伝いに出かけた。

支援群の各中隊や大きな部署にはおおむね1両ずつ「レンジャー」と呼ばれる小型バギーが配備され、宿営地内の移動や荷物などの輸送に活躍した。わが整備小隊も「出張整備」の際はよく利用した。ほかにも宿営地内での移動手段として自転車も何台か持ち込まれたが、宿営地内の主要な通路は粗い砂利敷きで、パンクしやすく、ほとんど使い物にならなかった。

8 市民との交流で垣間見えた現実

近隣の小学校を訪問

サマーワの人々と交流する機会は意外に多かった。清掃や工事などの役務のために宿営地を訪れる人たちがおり、また宿営地周辺やサマーワ市内の住民との交流をはかるため、自衛隊が宿営地近隣の小学校訪問やサマーワ市内で交流イベントを実施することもあった。

サマーワ滞在間に数度実施された小学校訪問に、私は一度だけ参加した。２００４年10月28日、宿営地から比較的近い場所にあるアル・ナヒール小学校への訪問で、隊員は児童たちの前で音楽演奏や紙芝居を披露した。

こういった交流行事でも、目的地までの移動間はフル装備で行動する。

小学校に到着後、装備を外し、戦闘服にベレー帽の軽装で待機した。少し時間があったので、先輩の陸曹と小学校の周囲を歩いて様子を見た。周辺は武装した警備中隊の隊員が警戒しているので、多少なら歩きまわることができた。

小学校の周囲は宿営地と同様、土漠が広がっているだけで、民家はほとんどなかった。小学校の児童はどのあたりに住んでいて、どのような手段で通学しているのか不思議に思った。日本のようにスクールバスでもあるのだろうか？

ふと、少し離れた丘の上に二人の児童が立ってこちらを見ているのに気づいた。年齢的には小学生くらいで、二人とも男の子のようだった。この小学校の生徒だろうか？　笑顔はなく、ただじっとこちらを見ている。

「おい、もう始まるぞ、校舎へ入れ！」。不意に同僚が声をかけてきた。

「あの子たちにも伝えなきゃなりませんね」

「あの二人か？　あの子たちはいいんだ」

「えっ？」

「あの二人はここの生徒じゃない。さあ、早く校舎へ行こう」

先輩陸曹について校舎に向かう。もう一度振り向いて丘を見た。二人の男の子はまだこちらを見ていた。

「どういうことです？」。歩きながら聞く。

サマーワ市民は友好的であった。こちらから手を振るとほとんどの市民は老若男女問わず笑顔で手を振り返してくれた。市民と良い関係を保つためにも、こうしたコミュニケーションは重要だった。

「ここじゃあ、金のある裕福な家の子供しか学校に通えないそうだ。あの子たちはこの小学校の児童じゃないんだ」

　貧富の差――本や映画の中でしか知らなかったこと。日本ではほとんど見たことも聞いたこともなかった。そんな私に初めて突きつけられた現実。それまでの人生で、ただ漠然としたイメージしか持っていなかったことを、このようなかたちで見せられるとは思いもしなかった。

　あの子たちは今、どんな大人になったのだろうか？

　小学校の校舎は四角形に建てられており、校舎内には教室や職員室などがあり、敷地の中央に広場がある。枡（ます）のような造りだった。広場は日本の小学校のようにのびのび運動できるほどの広さはなく、全児童が集まれば混雑するほどであった。児童数は100～150人ほどであったと思う。

特に担当の仕事もなかった私は、子供たちと遊んだりして時間を過ごした。男の子たちは積極的に寄ってきて、そばにきて私の腕や手をつかんで「遊ぼう」とせがむ。女の子たちはやや距離をおいて見ていた。子供たちはアラビア語を話しているようで、彼ら彼女らが何を言っているのかはわからなかった。英語で話しかけると、不思議そうな表情で私を見つめる。結局、身振り手振りで意思の疎通をはかった。

男の子たちは私のデジタル腕時計を欲しがっているようだった。日本の有名なメーカーの時計だが、非常に安価なものである。しかし、予備の時計は持ってこなかったので、あげるわけにはいかない。

ひと通り子供たちと遊んだ後、広場の隅で休んでいると、若い男性教師がやってきた。

「菓子を持ってきたよ。食べてくれ」

教師は両手にいっぱいの菓子を持っていた。

私は（待てよ）と思い、受け取るのをためらった。この日はちょうどラマダン（断食）の時期である。イスラム教徒でなければ気にする必要はないらしいが、かといって多くの子供たちや先生の前で受け取るのもはばかられた。

学校訪問で訪れたアル・ナヒール小学校の外観。イラクの学校といえばどこも似たような造りだった。校舎のみで、運動場のような施設は見当たらなかった。

教室で児童たちと記念撮影。最初は突如現れた「迷彩服の東洋人」にとまどいの表情を見せていた子供たちだったが、慣れてくると寄ってきたり話しかけてくる子もいた。

「ありがとうございます。しかし先生、今はラマダンですし……」

「いいんだ、君たちは気にしなくていい。問題ないよ。さ、好きなのを取って食べてくれ！」

無下（むげ）に断るのも失礼だと思い、いくつか菓子をいただいたが、とりあえずポケットに入れて、宿営地に戻ってから食べた。

招待された子供しか参加できない

交流行事に参加できない子供たちといえば、アル・ナヒール小学校訪問の前にも似たようなことがあった。２００４年9月15日、サマーワ市内にある「サマーワ・ギャラリー」と呼ばれる施設で開催された文化交流行事だ。サマーワ・ギャラリーは、体育館と荒れてはいたが広いグラウンドを持つ施設だった。

早朝に宿営地を出発し、サマーワ市内に入る。高機動車の後部からはどのような経路を走ったのかわからないが、降りた場所は確かに市内であった。

施設に入ろうとすると、建物の壁際にポツンと一人立って笑顔でこちらを見ている男の子を見つけた。私は近づいて英語と身振り手振りで「イベントに参加しないの？　中に入らないの？」と質問してみるが、うつむいて首を振るだけだった。グラウンドにも何人かの子供たちがいたが、施設に近づく様子はない。私は後ろ髪引かれる思いで男の子に手を振り、その場を離れ、施設内に入った。待機のために用意された小部屋で何人かの同僚に話を聞く。私の思った通りだった。

――この行事には招待された子供しか参加できない。

（選ばれた少数の子供を呼んだだけじゃないか。一人でも多くの子供を呼んで楽しんでもらうのが目的じゃないのか？）

おそらく、身分や家庭状況をチェックした上で問題なしとされた子供が選ばれ、そうでない子供は対象にならないのだろう。子供とはいえ、素性の知れない者であれば、敵性勢力と何らかの関係を持っている者がいる可能性も否定できない。考え過ぎかもしれないが、そのような者を自由にイベントに参加させれば、イベントの妨害やエスコートする隊員に危害を加えたり、見聞きした自衛隊の情報を敵性勢力の人間に通報することも考えられる。

大部分はいたって普通の子供たちだろう。しかし、実戦を経験している軍隊は子供も警戒の対象としている。現代戦において子供が戦闘員として直接的、間接的に何らかの軍事行動に関与するケースは少なくない。

このやり方は間違ってはいないのだろう。だが私は、自衛隊とサマーワ市民の交流をアピールするとはいえ、この「パフォーマンス」に、やりきれない思いを抱いた。

9　イラク人委託業者にびっくり

これがトイレ清掃？

サマーワ宿営地には毎日多くのイラク人が訪れた。その多くは工事や清掃、ゴミ回収などの委託業者である。

居住地区でよく見かけたのはトイレ清掃の業者だが、この清掃の仕方が問題だった。

サマーワ宿営地では、トイレは主に居住地区の付近に設置され、形状は連結された仮設トイレである。仮設とはいえ、トイレ自体はグレードの高いもので、日本の工事現場などで使われているものよりは立派なトイレだった。

彼らはまず水タンク車（日本製のボンネット型トラック！）をトイレの前に横付けし、トイレのドアをすべて乱暴に開放する（使用中のトイレはそのまま）。

次に、作業員がタンクにつながれた太めのホースを伸ばし、トイレの前に立つと、消防車の消火作業のごとくトイレに勢いよく放水するのだ。放水は端のトイレから始め、ある程度水を撒いたら次は隣のトイレ。これを繰り返す。

（これがイラク式のトイレ清掃か？　ずいぶん荒っぽいが、これが普通なのだろうか？）

呆気にとられつつも呑気に清掃を見ていた私は、もちろんその後、彼らは水浸しになった便器や床や壁の水を拭き取り、びしょ濡れで使い物にならないトイレットペーパーを交換するのだろうと思っていたが、甘かった。

放水を終えた彼らはドアを乱暴に閉めると、ホースを格納し、さっさとトラックに乗り込み、去っていった。

「え……これで終わり？　これが清掃？　ひどいな」

トイレの中は水浸しのまま。結局、業者の清掃後にトイレを使用する際は便器の水を拭き取らねばならず、余計な手間がかかるのであった。

ゴミ回収業者の「噂」

ゴミ回収も委託業者の仕事であった。

現地の工事業者と。彼らは宿営地内に新設するシャワールームの工事を委託され、連日工事を行なった。中央右の男性は流暢ではないものの、日本語を話すことができた。

宿営地内には各種ゴミの集積所があり、ゴミ回収業者はトラックで集積所を巡回し、回収していく。

このゴミ回収にはある噂があった。業者たちはゴミを回収して宿営地を出た後、ある程度走ると、回収したゴミを道端に捨ててトラックの荷台を空の状態にして帰っていくというのである。宿営地から出たと思わしきゴミが道端にたくさん転がっているのを見た隊員がいるのだという。

整備小隊からも多くのゴミが出る。オイルやグリースの空き缶、廃棄処分のエアクリーナーエレメントなど、我々にとっては使い物にならない使用済みの消耗品である。回収業者は整備小隊のゴミ集積所からゴミを回収していく。こちらは道端に捨てるのではなく、回収した廃品（ゴミなのだが）をサマーワ市内の市場で売っているという。日本人が使用したものだからいいものだろう。まだ使えるという考えだろうか……。

いずれにせよ、これら回収業者のゴミの処置に関する話はあくまで噂に過ぎず、真偽のほどは定かではない。整備小隊の隊員どうしの雑談で出た話題である。

ほかにも缶ジュースなどの飲料を冷やす業務用の大きな氷が、宿営地近くを流れる運河の水を凍らせたものという話や、バキュームカーが汲み取りを終えて帰る際、排水バルブがゆるんでいたらしく、宿営地内の道路にトイレの汚水を流しながら走っていたなど、役務にまつわる話は多かった。

なお、役務の作業には必ず武装した隊員が同行し、作業の監視を行なった。

ほとんどの役務業者が車輌で宿営地に入るため、彼らの車輌に同乗することも多かった。どの車も年季がはいっており、整備や清掃もろくにしてないようで、車内は埃や泥だらけ。ライトやランプといった灯火類も切れて点灯しなかったり、灯火類そのものがない車もよく見かけた。だが、彼らがそれらを気にする様子はなかった。

日本語を話せる若者

宿営地内を移動している間、車内では彼らの方からいろいろ話しかけてくるのだが、アラビア語のため、何を言っているのかわからなかった。そんな時は身振り手振りで意思の疎通を図るしかない。たまに英語を話せる人もいたが、ごく少数だった。

驚いたのは日本語を話せる若者がいたことだ。片言ではあるが、私たちとの会話にほとんど支障はなかった。しかも彼は英語も話せた。施設工事作業員の彼は日本人の女性と文通しており、日本語でやり取りしたくて勉強しているのだという。彼からは「○○は英語で何というんだ？」「○○は日本語で何というんだ？」と質問攻めにあった。

また、興味深かったのは、彼ら役務業者の作業車やトラックは日本製が多く、車体にはかつて日本で使われていた当時の社名などが日本語で書かれたままの車も多く見られたことだ。一体どのようなルートで日本のトラックがイラクまで運ばれ、使われているのかわからなかったが、おそらく輸入業者がいるのだろう。

英語を話せるイラク人運転手に「このトラック、日本製じゃないか。どうやって手に入れたんだい？」と聞くと「そうなのか？　知らなかったよ」と言われたこともあった。

10 サマーワ宿営地の食事事情

毎朝、白米と味噌汁を食べられる

宿営地での生活はおおむね快適だった。隊員が任務で緊張を強いられ、ストレスを溜める分、休憩や休日は適切に確保されていたと思う。隊員が休む時は精神的にも肉体的にもリラックスできるよう、さまざまな配慮がなされていた。

食事は1日3食、食堂で喫食した。われわれ第3次群がサマーワ宿営地に到着した時は、すでに冷房完備のプレハブの食堂が完成し、内部も日本国内の駐屯地隊員食堂と造りや雰囲気がさほど変わりなく、大型テレビも設置され、衛星放送で日本のニュースを観ることができた。

時差があるとはいえ、日本の情報を比較的タイムリーに知ることができるのは便利であった。そのせいか、日本から約千キロ離れた地にいるという距離感も薄かったように思う。

朝食は毎朝必ず白米と味噌汁が出された。これは本当にうれしかった。ほかにもふりかけやお茶漬けの素などもテーブルに常備され、食が進んだ。私は特に朝食を多めに食べるようにしていた。朝からしっかり食べて、一日しっかり体を動かせるようにとの考えである。

昼には一人一個アイスクリームを食べることができ、冷凍ケースから好きなアイスを取って食べた。夕食はボリュームのあるメニューが多く出た。やはり肉料理が多かったように思う。

糧食班も隊員が飽きないよう、工夫を凝らしたメニューを提供してくれた。彼らは室温70～80度の厨房での調理という、非常に厳しい勤務環境で我々の食事を作ってくれた。彼らが汗水流して作った食事が、支援群の隊員の士気の源であったと言っても決して過言ではない。

過去の戦史からみても、戦場における「食」が将兵の心を癒し、そして士気を高める重要な要素であったのは疑いようがない事実である。

各国の軍隊は戦闘糧食の改良や、いかに温かくて美味しい食事を全将兵に届け、食べさせるかを重視しているのだ。

日本での演習や訓練でも、後方で補給部隊が調理してくれる「温食」がいちばんありがたい。最近は戦闘糧食・携行食もかなり味がよくなり、加熱剤を使用して温めて食べられるものも出てきている。

任務で宿営地を出て、夕方や夜に戻る場合は戦闘糧食が支給された。時に食べずに持って帰ることもある。これは保管しておいてあとで食べる。米のパックはすぐに固くなってしまうが、これを日中、日の当たる場所に置いておくと、高温によりだいたい30分くらいでやわらかくなって食べられるようになる。腹が空いた時はよくこの方法で食べた。

いつでも冷水が飲めるありがたさ

毎日高温下で任務につく際に重要なのは水分補給だ。また、休日、体を休めている時でも水分補給は必要だった。水分補給にはスポーツドリンクなどがよいとされ、売店でも販売していたが、奨励される水分補給量が少なくとも1日2リットル前後になることを考えると、毎回スポーツドリンクを買ってばかりもいられない。

支援群では隊員用のミネラルウォーターを常時準備していた。これは配布されるものではなく、水が必要になったら宿営地内にある「ウォーターポイント」に出向き、必要な分だけミネラルウォーターを持っていくのである。

ウォーターポイントには1・5リットルのミネラルウォーター入りペットボトルが箱ごと積み上げられ、常に十分な量が確保されていた。ほとんどの部署では箱ごと天幕に持ってきて冷蔵庫などに保管し、いつでも誰でも必要な時に冷たい水が飲めるようにしてあった。

イラク人の「差し入れ」

役務で宿営地にやってくるイラク人の中には「差し入れ」や「お土産」として彼らがふだん食べている物を持参してくる者もいた。私はナツメヤシの実（デーツ）とスイカをご馳走になった。

ナツメヤシの実はサマーワ展開前にクウェートのキャンプ・バージニアでカフェの店員に食べさせてもらったが、サマーワで受け取ったナツメヤシはビニール袋に入っていて、見た目もあまりよくなく、どうも食べる気にならない。これを食べたら腹をこわすんじゃないかと心配だった。

結局、上官の「小隊の隊員はみな食べたぞ」「せっかくサマーワの人たちが持ってきてくれたんだ」という言葉で覚悟を決めた。口に含むと、味はクウェートで食べたのと同じくレーズンのような味で、お腹は大丈夫だった。

スイカは他部署の野外作業の支援に行った際にご馳走になった。日本のスイカは球状なのに対し、イラクのスイカは楕円形、ラグビーやアメフトで使うボールのような形だった。甘みは少なく感じたが、味は日本のスイカそのもので、日本から遠く離れた外国で夏の風物詩を味わえたことがうれしかった。

厨房内は室温70度以上――過酷な糧食班勤務

ある日の昼休み、食堂に向かう途中で同じ原隊に所属する隊員と会い、声をかけた。彼は糧食班で勤務しており、勤務を終えて自分のコンテナハウスに戻る途中だった。

驚いたのは彼の相貌で、頬がこけており、顎や口の周りは無精髭が伸びていた。

「お前、なんか細くなったな。頬がこけてるぞ。大丈夫か?」

「いやあ、キツいですよ……厨房の中、毎日70度以上まで上がりますからね」

「はぁ? 70度以上?」

「はい……」

「大丈夫なのか? 倒れないように気をつけてな?」

絶句とはまさにこのことである。真夏にサマーワに展開した我々第3次イラク復興支援群は気温約50〜60度という厳しい環境下で任務を開始したが、それは野外での話で、ハエなどが入らないように窓や扉を閉じた厨房で調理機器を使えば厨房内の温度は70度以上、80度を超えることもあったという。

宿営地内に設置された温度計。気温・湿度ともに目盛りを振り切っている。気温は50度以上、湿度は10パーセント以下だ。派遣隊員たちはこのような環境のなか、毎日それぞれの任務についた。

クーラーもなく、申し訳程度の扇風機があるだけの厨房内での勤務。朝は誰よりも早く起床して隊員たちの朝食を作り、夜は皆が休んでいる間、片付けと次の日の準備を済ませてようやく1日の業務が終わる。

前述したように、支援群の隊員が勤務中、楽しみにしているのは食事である。最も過酷な部署で毎日、隊員たちの力と元気の源となる美味しい食事を作り続けた糧食班員。支援群の隊員はそれぞれ厳しい仕事を抱えて毎日の業務についており、どの部隊、部署がいちばん大変などと一概には言えないが、糧食班はその勤務の過酷さにおいては支援群の中でも間違いなくトップクラスだろう。今さらではあるが、彼らにはただただ感謝の念を抱くのみである。

宿営地の嫌われ者

「ハエ」は特に夏場はうっとうしい存在だが、サマーワのハエは日本の比ではなかった。とにかくどこにでも現われ、何度追い払ってもその数は増える一方だった。そのため、宿営地内では天幕やプレハブ、コンテナハウスなど、いたる所で天井から「ハエ取りリボン」がぶら下がっていた。これが効果抜群で、まるでハエがリボンに吸い寄せられるようにどんどんくっついていくのである。効果がありすぎて頻繁に交換しなければならないほどだった。

そのほか、宿営地にはネズミやサソリも出没した。特にネズミは夜間、天幕の中を徘徊し、増加食のカップラーメンや菓子のパッケージをかじって穴を開け、中身を食い散らかすのである。天幕内の低い位置に食品を置くと、ほぼ確実に被害にあった。

日本から持ち込んだネズミ捕りシート（ネズミホイホイ）を天幕内に仕掛けておくと、数日で何匹もかかるほどであった。シートを廃棄する際、まだ鳴き声を出しているネズミもおり、憎たらしい存在なのに、この時は何だか可哀想であった。

私はサソリを見ることはなかったが、宿営地内に現れるのは確かなようで、衛生隊からは見つけても触れずに連絡せよとの通達が出ていた。

11 課業後の楽しみ

衛星携帯電話で家族に近況報告

宿営地での課業は日本と同様、基本的に17時の国旗降下をもって終了するが、17時以降も引き続き作業や業務を続行することもよくあった。

課業終了後から消灯までの過ごし方は基本的に各隊員の自由である。皆、日本での駐屯地生活とほぼ同様の過ごし方をしていたと思う。ある者は終礼から食堂へ直行して夕食を喫食し、またある者は運動着に着替え、ランニングやトレーニング天幕で体力練成に励む。

福利厚生施設は数種類設けられていたが、最も隊員が足を運んだのは売店であろう。

売店はプレハブの建物で、店内はコンビニのように菓子や飲料をはじめ、さまざまな生活用品や消耗品が陳列されていた。私は一日一度は売店を訪れていた。

売店での買い物の支払いは個人に支給されたカードで決済し、使った金額が給与から天引きされる仕組みであった。そのため、宿営地内では現金を持ち歩く必要がなく、非常に便利であった。

ほかには本・雑誌やCD・DVDを貸し出すコーナーや天幕もあり、ここも頻繁に利用した。これらの品は日本から送られてくるもののほか、第1次群、第2次群の隊員たちが帰国の際、置いていったものも多数あった。

また、この天幕では衛星携帯電話も貸し出していた。衛星携帯電話には使用規則があり、使用は各人週1回、通話は10分であったと記憶している。時差（日本時間からマイナス6時間）や電話の利用可能時間を考慮して、イラク時間で18時前後に実家にかけることが多かった。

両親にはまず近況報告し、そして両親と愛犬が元気にしているか、実家や地元の様子に変わりはないかをよく訊ねた。通話時間の10分はあっという間に過ぎる。電話の数もそれほど多くなく、日によっては次の使用者が待っているので、長々と話すのもはばかられる。

衛星携帯電話は非常時に備えて各小隊長など、部隊・部署の長にも渡されており、ある小隊では小隊長が部下の隊員に自由に使わせていたりして、「○○小隊の連中、天幕のあたりでいつも電話しているけど、あれ小隊長の電話だろ！」と腹を立てたこともあった。

娯楽室（天幕）も数か所あり、多くの本が本棚に置かれ、エアコン完備で居心地もよく、ゆ

第３次群のサマーワ展開期間後期に完成した厚生センター。売店では日用品や食料品など、さまざまな商品を購入できた。プラモデルは意外にも売れ行きがよかったという。

厚生センター内部。フロアの中央にはソファーが置かれ、ここでくつろぐ隊員も多かった。ソファー前にスクリーンを設置し、映画DVDの鑑賞会も開かれた。

っくり読書をしたり休んだりできたが、こちらはなぜかあまり利用者がなく、覗いても無人の時が多かった。ほとんどの隊員は私物が手の届く所にある待機天幕で過ごしていたようだ。

サマーワ滞在期間の後半には立派な厚生センターが完成した。売店も広くなり、商品の種類も増えた。何とプラモデルも販売されるようになり、派遣群が装備している軽装甲機動車や戦車などのプラモデルが棚に陳列されていた。意外と人気があり、売れたようである。

ほかにもソファーセットや大型テレビ、テレビゲームコーナー、図書室、多目的ルームやカウンセリング室など、それまで別々のプレハブや天幕にあった各種の福利厚生施設が厚生センターに集約され、とても便利になった。

入浴後はノンアルコールビールで乾杯！

食事ともう一つ、隊員たちの楽しみは入浴だった。

浴場は野外入浴セットが二張り設営された。私の自衛隊生活の中で、野外入浴セットを利用したのはサマーワ宿営地での入浴だけだった。災害派遣では大活躍の野外入浴セットだが、隊内の演習や訓練で入浴する機会はなく、そのような話も聞いたことはない。貴重な機会だったわけだ。

野外入浴セットは「組み立て式ミニ銭湯」ともいうべきもので、入るとまず脱衣場があり、奥に浴槽が二つある。浴槽を囲むようにシャワーとカランがあり、ここで体を洗ってから浴槽に入った。毎日気温60度近くの野外で任務につき、汗まみれになってもすぐに乾き、肌には塩が浮き出て戦闘服にも塩が付くような状態である。しっかり体を洗い、湯に浸かることができるのは本当にありがたかった。

楽しみは入浴後にも待っていた。浴場の入口付近にはベンチが設置され、ここで冷えたノンアルコールビールが飲めるのだ。ノンアルビールはベンチの近くに置かれたシンクの中に、大きな氷と一緒に冷やされた状態で入っており、一日一人一本飲んでよしとされた。

また、ノンアルビール以外にジュースも一緒に冷やされていたが、ほとんどの隊員はノンアルビールを飲んでいたように思う。私ももともとビール好きということもあり、迷うことなくノンアルビールを毎晩風呂上がりに飲んだ。

満天の星の下、さっぱりした体でキンキンに冷えたノンアルビールをぐいと飲む。1日の勤務を締めくくるのにふさわしい最高の贅沢だった。帰国したら「本物のビール」を浴びるほど飲んでやろうと思った。仲間たちと談笑しながら飲んでいると、何だかほろ酔い感覚になるのも不思議だった。

ちなみに私は2004年の誕生日をサマーワで迎えたのだが、誕生日の数日前に1日ビール

整然と並ぶ天幕。手前の天幕は待機天幕である。手作りのベンチや吊された洗濯物が生活感を感じさせる。待機天幕もエアコンが完備され、余暇をここで過ごす隊員も多かった。

を飲むのを我慢して冷蔵庫に保存しておき、誕生日の夜に2日分の2本を飲んで、誰もいない天幕でささやかな祝杯をあげた。

聞いたところによると、このノンアルビールの支給は第1次イラク復興支援群長の番匠幸一郎1佐（当時）のアイデアだという。毎日の食事に入浴、そしてノンアルビール。繰り返しになるが、これらが隊員たちの士気向上・維持に絶大な効果をもたらしたことは間違いない。

12 サマーワの休日

全周を土嚢で囲んだ「コンテナハウス」

言うまでもなく、支援群の隊員には休日が与えられる。1週間に丸1日の休日が1回、そして半日休みが1回である。もちろん支援群全体で同じ日に休日をとるわけではなく、各部隊、部署で勤務シフトがずらして設定されているため、宿営地警備や各種勤務は常時継続・機能していた。

休日の過ごし方は皆それぞれ。体力練成、洗濯、散髪、福利厚生施設の利用、コンテナハウスで昼寝、待機天幕内で読書や雑談……。大体このような過ごし方をしていたと思う。

宿営地内での生活の場は主にコンテナハウスだった。これは船舶での輸送などに使用される大型のコンテナを宿舎に改造したもので、大型発電機から電気を引いてエアコンと照明を取り

コンテナハウスとはいえ、もともとは内部で人が生活することは考慮されていない。隊員たちはベッドの隙間や内壁に棚やフックを自ら製作して設置したりと、快適に過ごせるよういろいろ工夫した。

付け、ベッドが置かれたものだ。宿泊人数はコンテナによって多少違いはあったようだが、私のコンテナでは私を含めて5人が寝泊まりしていた。

そもそもコンテナ自体、人が内部で寝泊まりするように設計されていない。まず熱が内部にこもるため、換気口が空けられ、エアコンは常時作動していた。照明もあったが、点灯させてもやはり薄暗く、1日中いるような場所ではなかった。

また、コンテナハウスは上部を含めた全周を大量の土嚢などによって耐弾処置が施されており、迫撃砲弾やロケット弾の飛来に備えていた。

サマーワ宿営地開設直後から宿営地

施設の耐弾化は段階的に行なわれ、完了すると、いたる所に巨大な土嚢が積み重ねられ、隊員が長時間滞在する作業場所や施設はすべて耐弾化され、どの施設もまるで要塞のような外見になっていた。

安全面では申し分ないが、涼しいが薄暗く、空気がこもるコンテナハウスで過ごすのは気乗りせず、コンテナハウスに入るのは就寝時と就寝前の数時間、そして休日の日中に昼寝をする時くらいで、ふだんは待機天幕や娯楽室、厚生センターで読書をしたり同僚と談笑したりして過ごすことが多かった。

体力練成は欠かせない

過酷な環境に耐える体力を維持し、またストレス解消などのためにも運動は欠かせなかった。宿営地外から内部の様子を見えなくするため、また砲弾などの弾着や不審者の侵入を防ぐために宿営地を囲むかたちで巨大な土塁が築かれ、そのすぐ内側には外周道路があった。望楼間の移動や巡回に使われていたが、夕方は隊員のランニングコースになり、課業を終えた隊員たちがこの道路を使ってランニングやウォーキングに汗を流した。

夕方になって気温が下がるとはいえ、それでも40度を超えていた。その中での体力練成であ

高機動車が走行しているのは宿営地内の外周道路。舗装はされておらず、砂利道である。車輌の移動のほか、夕方になると多くの隊員が体力練成でこの道をランニングした。

る。私はほぼ毎日、体力練成をしていたが、いま思えばよくあの気温で走ったなと思う。サマーワ展開当初はさすがに暑さに耐えられず、30分ほどしか走れなかったが、慣れると1時間ほど走った。それでも時間的には短い方で、1時間以上走っている隊員もいた。

トレーニング天幕は「アラビア天幕」と呼ばれる大型の天幕の中に、本格的なトレーニング機材が多数設置されていた。ランニングマシンも多数設置され、暑い野外で走るのが苦手な隊員はこのマシンで走っていた。各種トレーニング器材はトレーニングジムにあるものと同じか、それ以上に立派なもので、筋力トレーニングには絶好の環境であった。

足繁く通った「メール天幕」

宿営地では隊員一人に一つずつＵＳＢメモリが貸与された。これはパソコンに挿すと自動で電子メール送受信の画面が開くもので、通称「メール天幕」と呼ばれる天幕で使用するものである。天幕内にはメール送受信専用のノートパソコンが数台設置され、家族や友人へメールを送ったり、返信されたメールを読んだりした。ここを利用する隊員は多く、常にパソコンは使用状態で、順番待ちもよくあった。こちらは衛星携帯電話とは違い、使用回数や時間の制限はなかったが、順番待ちの隊員がいる場合、自分の用件を済ませたらすぐに席を譲る配慮も大事だった。

私はここに、ほぼ毎日顔を出していた。メールの返信が来た時はうれしくて、画面に顔を近づけて文面を繰り返し読み、返信が来ていなかった時には「何も来てないか……」と肩を落とした。郵便配達員が手紙を配達してくれるのを心待ちにするのと同じ感覚だった。

私物のバリカンで散髪

休日によくやったことの一つは散髪である。

私は電池で作動する私物のバリカンを出国前に購入し、サマーワに持ち込んだ。髪型は派遣期間中、短い坊主頭で通した。鉄帽着用時も快適、涼しくて入浴時の洗髪も楽でいい。髪が伸びてきたら同じ整備小隊の同僚に頼んでバリカンで刈ってもらった。私も頼まれて同僚の髪を刈ることもあった。

他部隊、他部署の散髪事情はわからないが、わが整備小隊は多くの隊員が坊主頭で過ごした。坊主頭にしない隊員も、ほとんどは短髪にしており、支援群内でも目につくような長髪の隊員はまずいなかった。

また、役務の一環として、イラク人の理容師が週に二度宿営地を訪れ、散髪をしていたが、順番待ちがあったり遠くの天幕まで移動しなければならず、私はこのサービスを利用することはなかった。

サマーワ流洗濯法

休日は溜まった洗濯物を一気に洗ういい機会である。

宿営地内には洗濯天幕があり、天幕内に洗濯機が私の記憶で6台（もっとあった気もするが）設置されていた。全自動洗濯機だけでなく、二層式洗濯機も1～2台あった。洗濯天幕は

ある日の朝礼に突如現れた仮面ライダー。はるばる日本から我々第３次イラク復興支援群の激励のために駆けつけたのである。こういったサプライズも隊員たちの心をなごませてくれた。

オランダ軍との交歓行事でねぶたの跳人（ハネト）に扮して踊りを披露する派遣隊員。第３次群の隊員には青森駐屯地所属隊員も多く、青森ねぶた祭りには「青森自衛隊ねぶた協賛会」として参加している。

宿営地内に数か所設置されていたと思うが、私は自分のコンテナハウスに近い洗濯天幕を利用していた。

宿営地内に全部で何台の洗濯機があったか、正確な数はわからないが、それほど多くはなかったと思う。数百人の隊員が洗濯するには足りない気もするが、実際のところ、順番待ちが発生することもあったが、極端な混雑はなく洗濯機を利用できた。

洗濯機の順番待ちがそれほど発生しなかったのは、その手順は覚えていないが、「サマーワ洗濯法」ともいうべき洗濯要領があったことによる。誰が考案したのか定かではないが、各洗濯機の蓋の部分に短時間で効率よく洗濯できる要領を詳しく記した説明書が貼ってあり、皆この方法で洗濯したので、通常の洗濯時間の半分ほどで洗濯できた。

洗濯を終えた後は洗った衣類をバケツやカゴに入れて居住地区に戻り、いたる所に張られたロープに物干し器具をかけて衣類を吊るす。前述したように日中の気温は50度後半から60度まで上がるので、20～30分で完全に乾いてしまう。ただし、強烈な日光にさらされるため、色が褪せるのも早く、防暑戦闘服は帰国時には新品と比べてかなり退色して別物のようになっていた。

完全な闇の中で就寝

就寝前、コンテナハウス内の自分のベッドでゴロゴロするのは平日も休日も変わりない。私は手帳に簡単な日記を記し、あとはポータブルCDプレイヤーで好きな音楽を聴いていた。

消灯前に歯を磨いたり、トイレに行ったりするが、この際は懐中電灯など小型のライトが必携だった。夜間、宿営地内は照明が極力消され、真っ暗になるのである。これは警備上、不必要な照明で宿営地内の部隊活動状況を外部に悟らせないためであろう。

消灯も日本の駐屯地の消灯時間と同じく22時30分だったと思うが、コンテナハウス内の照明を消すと完全な闇に包まれるため、手の届く所にライトを常備したり、暗闇でも時間がわかるバックライト付きの時計も便利だった。

余談ながら、いびきに悩まされた隊員はどこの部隊・部署でも多かったようで、私もその一人だった。これればかりは生理現象であり、ほとんど密閉されたコンテナハウス内でよく響くいびきには有効な対策もなく、とにかく我慢するしかなかった。

13 工具を銃に持ち替え、物資輸送任務

緊張感が絶えないＱＲＦ要員

復興支援群には「緊急対処部隊」（ＱＲＦ：Quick Reaction Force）が常時編成されており、宿営地外における自衛官・自衛隊車輌などのあらゆるトラブルや任務遂行不可能に陥った際の救援が主な任務だった。事案発生時には即座に出動できる態勢がとられていた。航空自衛隊の戦闘機が対領空侵犯措置（スクランブル待機）につくのと同様である。

ＱＲＦは毎朝、隊員の点呼とブリーフィング、車輌・器材の点検を実施する。その後は解散し通常業務につき、ＱＲＦ出動の命令が出ればフル装備で迅速に集合し、出動となる。整備小隊からは走行不能になった車輌を牽引・回収するための重レッカ（レッカー車）と回収要員を派出していた。

ＱＲＦ要員の割り当てはシフト制で、私を含め整備小隊の隊員はサマーワ展開中、数回のＱＲＦ待機を経験している。

私が参加した第３次イラク復興支援群では何度かＱＲＦ招集があったが、宿営地外への実際の出動は一度か二度あったか、もしくは皆無だったような気もする。出動しても現場での行動に至らず、帰還ということもあった気もするが、このあたりは記憶が曖昧だ。

いずれにせよ、自分がＱＲＦ要員に指定されている時は、通常業務についていても（いつ招集がかかるか）と常に緊張感があった。

余談ながら、１９９５年に発生した阪神・淡路大震災以来、国内の各駐屯地には初動対処部隊が常時待機しており、２０１３年からは「FAST-Force（ファスト・フォース）」の名称が付けられた。この部隊は主に地震など災害発生時の速やかな情報収集などを任務としている。近年の自衛隊においては「初動」がより重視されるようになり、ＱＲＦには「ファスト・フォース」などのノウハウも少なからず活かされていると思われる。

時速80キロで疾走するコンボイ

整備小隊所属隊員として通常業務についていても、ほかの部隊や部署の指揮下に入って別の任務につくこともよくあった。特に機会が多かったのは、サマーワ宿営地とタリル空軍基地間往復の物資輸送任務である。

この任務の主力は輸送小隊であったが、彼らのみでは人数・装備ともに任務遂行に必要な規模のコンボイを編成できない。そこで、コンボイ護衛は警備中隊から派遣された隊員と軽装甲機動車、96式装輪装甲車が担当し、トラックの操縦手・車長要員を整備小隊などから派遣し、コンボイを完全編成として輸送任務を実施した。

整備小隊では輸送任務に派遣する隊員を一応、シフトで割り当てていたが、参加の是非を問われる場合もあり、私は積極的に希望して輸送任務に参加した。

サマーワ宿営地からタリル空軍基地までは時間にして片道2時間以上かかるが、その間コンボイは一度も休憩をとらず、国道とハイウェイ（高速道路）を時速80キロ前後の速度で文字通り「疾走」する。ちなみにタリルまでの道程で信号機は一つもなかった。

国道とはいうものの、道路はアスファルトが崩れて路面の状態が悪い箇所も多くあり、日本とは比較にならないほど道路環境は悪かった。ハイウェイに料金所などの施設はなく、一般道からそのまま入ることができた。途中に休憩所は何か所かあったが、日除けの付いたベンチやテーブルがいくつか並んでいるだけで、日本の高速道路に設置されているサービスエリアなどはなかった。

道路上を進む自衛隊車輌。後方に見える古代遺跡のジッグラトの見学帰りに撮影したもの。物資輸送任務の際に編成されるコンボイは車輌数がもっと多くなる。

走行中は一般車輌を特に警戒した。敵対勢力によるコンボイへの攻撃の可能性も十分にあった。一般車輌の多くはコンボイの車間に割り込み、さらに追い越して行く。我々を追い越す際、笑顔で手を振ってきたり、クラクションを盛んに鳴らして走り去る車も多かったが、少なくとも私は笑顔で手を振り返す余裕はなかった。

一般車輌が接近すると、コンボイを編成する車輌間で無線を使用し、情報を共有した。

「こちら△△、○○の後方に一般車輌1台。白い乗用車。注意せよ」

「こちら○○、後方に白の乗用車1

台、了解」

車間に割り込んできたり無理に追い越していく一般車輛は多く、無線機の送受話器を常に手にしている状態だった。

時速80キロほどで走行しているコンボイを次から次へと追い抜いていくのだから、一般車輛はさらに速度を出している。ミラーや灯火類などの保安部品が破損・故障したり、装着すらしていない車が非常に多く、これでは交通事故も決して少なくないだろうと思った。

無事に「水輸送」を終えて

タリルに近づくと、やや交通量も増え、多国籍軍の軍用車とすれ違うことが多くなる。そして道端にはバラックのようなものが目立ち始める。どうやら土産物屋のようで、フセイン時代のイラク軍の勲章や制服などを売っているようで、軍用車が通ると、男たちが道端に出て来て品物を掲げ、盛んにアピールしてくる。しかし自衛隊はもちろん、他国の兵士が店を覗いているのを見ることはなかった。

アメリカ軍が厳重に警備するタリル空軍基地のゲートを通過後、トラックは物資の積載所に移動し、荷台に物資を積載する。物資といっても、ミネラルウォーターのコンテナを積載することが多く、この任務を「水輸送」と呼ぶこともあった。

積載が完了すると、待ちに待った昼食と休憩だ。トラックを駐車場に駐めて、食堂で昼食を摂る。アメリカ軍の食堂での喫食はキャンプ・バージニア以来なので、大味な料理を口にするたびにクウェートでの日々が思い出された。

食後は売店で買い物をするが、キャンプ・バージニアと同様、米軍基地内ではUSドルを使うため、ドル紙幣や小銭を忘れずに携行した。

帰途も往路と同様に車列を組み、速度を上げてサマーワを目指す。もちろん警戒は怠らない。サマーワの市街地が右手に見え、見慣れた道に入ると仲間の待つサマーワ宿営地が見えてくる。3時間かけて宿営地のゲートをくぐり、仲間たちの姿を見ると緊張が一気に解け、体中の力が抜けるようだった。

14 これは訓練ではない

コンボイが突然の停車

何度目かのタリル空軍基地往復の物資輸送任務——毎回、慣れで気がゆるむことのないよう自分に言い聞かせてトラックに乗り込む。この日も3トン半トラックの車長として参加した。往路を順調に走り、タリル空軍基地に到着。物資を積載し、昼食・休憩をとって基地を出発、コンボイはサマーワ宿営地を目指して移動を開始した。

無線機に耳を傾け、一般車輌の位置を確認しながら、異状がないか周囲を監視する。

そんな時だった。何かがおかしい。何だ？

前を走る支援群のタンクローリーが速度を落としている。

「どうしたんだ？」

声を出すや否や、タンクローリーのブレーキランプが点灯した。

（ラクダでもなさそうだが……）

道路をのんびりと横断するラクダの群れに遭遇してコンボイが停止せざるを得なくなるケースがあると以前から耳にしていたが、前方の状況を見る限り、ラクダではなさそうだった。

ついにコンボイは完全に停止した。

「止まっちまった。前で何かあったのかな？」

操縦手の3曹がつぶやく。彼は整備小隊の隊員ではなく、この日初めてともに任務についた。整備小隊の通常業務以外では、ほかの部隊や部署の隊員と任務につくことはよくあった。

兵士失格だろうか？

無線に耳を傾ける。コンボイの指揮官が状況を把握しようと先頭車の乗員と通話している。どうやらアメリカ軍が道路を封鎖しているようだ。

「米軍が道路を封鎖しているみたいですね」

「米軍？」

「はい。しかし……このまま立ち往生はマズいですね。動ける人間だけでも外で警戒しないと」

外を見ると、周囲の住民らしき民間人がコンボイの周囲に集まりつつあった。近くの丘にも人が集まり、コンボイを見下ろしている。

(何してるんだ……早く警戒態勢をとらないとマズいぞ)

無線機の送受話器を握る手に力が入る。

ようやく無線機から指示の声が流れた。

(……各車、操縦手は車内で待機。車長その他の人員は下車して周囲の警戒を実施せよ)

「降ります!」

無線が途切れるのと同時に、私は小銃をつかんでドアを開け、トラックから降りた。

トラックの前に回り、バンパーの左側に寄った。片膝をついて体勢を低くし、周囲を見渡す。住民はさらに集まっているようだった。

(まったくこんな所で……これじゃ丸裸だ。あの群衆の中にコンボイ攻撃の意思を持った人間がいたら、そいつにとっては絶好のチャンスだな)

防弾チョッキに装着してある弾のう(弾倉入れ)の蓋を開けた。

一瞬迷う。弾倉装着の命令は出ていない。だがこれは訓練じゃない。今は撃たれてもまったくおかしくない状況だ。そう自分に言い聞かせ、弾倉を取り出して小銃に装着した。槓桿(こうかん)は引かなかった。

　本来なら槓桿も引くべきだったのかもしれない。槓桿を引いて薬室に送弾し、安全装置を解除すればいつでも射撃できる。だが自分の判断では弾倉の装着までしかできなかった。命令なしで即交戦可能な状態に入る勇気がなかった。

　他国の兵士が同じ状況に陥ったら、即座に弾倉を装着、槓桿を引いて銃弾を装填するだろう。安全装置も解除するかもしれない。それに比べたら俺は兵士失格だろうか？　そんな考えが一瞬頭をよぎる。


「これは訓練じゃないでしょ」


　89式小銃を両手で保持するが、構えはせず銃口を下に向ける。下手に銃を構えれば「あいつは撃つつもりだ」と誤解され、深刻な事態にもなりかねない。

　住民たちはその表情が見える距離まで接近していた。無言でこちらを見つめる者、笑みを浮かべながら、何かを話している者。多くの視線を感じる。だが、彼らの姿を見るかぎり、少なくとも敵意は抱いてないようだ。

（クソッ。下車してから何の指示もないぞ。上は何をしてるんだ？）

周囲を警戒しながら心の中で毒づく。

その時。

「車に戻れ！」。突然の大声。声がした方を見ると、サングラスをかけた隊員が立っていた。

「車に戻れ。あとは警備中隊が警戒する！」

（何だって？　俺たちじゃ役に立たないというのか？　この野郎！）

不意に怒りがこみあげてきたが、仕方ない。

「クソッ」。悪態をつきながら隊員を睨みつけ、トラックに乗り込む。

「ご苦労さん」。操縦席から3曹が声をかけてきた。

「はい……どんな状況ですか？」

「事故だとさ。米軍が事故処理をしている」

「そうですか」

小銃から弾倉を抜き、弾がすべて入っているのを確認する。

「お前、弾倉差したの？」。3曹が目を丸くしている。

「これは訓練じゃないでしょ」。弾のうに弾倉を差し込み、蓋をした。

外に目をやると、住民がコンボイのすぐそばまで来ていた。

無線では通話が続いている。

英語を話せる隊員を送り、米軍に道路を通過させてもらえるよう交渉しているようだった。

何も起きなくてよかった……

ふと前を見ると、小学生くらいの男の子が二人、私の乗るトラックに向かって何かジェスチャーをしている。何だろうと見ていたら、どうやら「水をくれ」と意思表示しているようだ。トラックの運転席内に水はあったが、車内待機の指示が出ているため、降りることはできない。

私は手と首を振って渡せないことを伝えた。それを見た彼らは、笑顔から急にふて腐れた表情になり、さらに後方のトラックの方へ歩いて行った。この状況では何もしてやれない。サマーワに展開後しばらくして現地の住民に対する接し方についての注意喚起があった。文援群本部から出た通達だったか、仲間内での情報交換で出た話だったか記憶が定かではないが、要するに「必要以上に物を与えるな」というものである。

特に子供に菓子や水を与えると、さらに何かくれというように要求が過大になるケースがみられるようになってきたというのである。これは成人にもみられる兆候だったが、子供はより顕著だということだった。

移動経路上でアメリカ軍の交通事故に遭遇し、コンボイが停止するなか、「水をくれ」と寄ってきた２人の少年。カメラを向けるとポーズをとった。この時は隊員の安全確保が優先され、車外には出られなかった。

物資輸送任務の途上でよく見る光景。ガソリンスタンドの給油待ちの車列である。手前の乗用車は左後方の灯火類が完全に脱落している。移動中に見かける乗用車はこのような車が多かった。

そのうちに、また無線が流れてきた。耳を傾けると、どうやらアメリカ軍が封鎖している範囲を迂回して前進を再開するということだった。道路を外れて走行することになるが、路外は土漠、乾いた土で走行に問題はなさそうだった。まして我々が乗っている車は悪路でも走行できる軍用規格のトラックである。

無線に「了解」と声を入れ、隣の3曹を見る。

「行けますよね？」

「ああ、大丈夫だろう」

コンボイが前進を開始する。予想通り、路外に出ても問題なく走行できた。

アメリカ軍の封鎖範囲を越えると、再び道路に戻る。コンボイは速度を上げ、通常の移動要領でサマーワ宿営地を目指して速度を上げた。

たまらず鉄帽（ヘルメット）を脱ぎ、汗まみれの坊主頭を手でかき回す。

張り詰めていた緊張感が解けていく。目を閉じる。

（何も起きなくてよかった……）

目を開き、鉄帽をかぶり直し、顎紐をきつく締めた。

気を抜くな。サマーワはまだ先だ。

コンボイが停止してからどのくらい経ったのだろうか。太陽はずいぶんと低くなっていた。

15 警戒勤務の長い夜

昼夜を問わず警戒

監視塔のことを支援群では「望楼」と呼んでいた。

宿営地内の要所にあり、常時、完全武装の隊員が望楼上で警戒にあたっていた。地上から階段を登り、警戒用のスペースに上がる。隊員数名が椅子に座っても余裕があるくらいの広さだった。また、各種の監視用装備や無線機が設置され、これらの装備品を用いて昼夜を問わず警戒監視と警衛所との連絡を行なった。

わが整備小隊は望楼勤務の時間帯が基本的に夜間に割り当てられていた。小隊ではシフトが組まれ、上番の頻度はだいたい2週間に一度くらいで回ってきた。また、上番の時間帯もまちまちで、早めの時間帯に上番すれば、下番後は起床時間までゆっくり就寝できる。最後の時間帯に上番すると、地平線から太陽が昇る荘厳な景色を楽しむことができた。

私が毎回警戒につく望楼からはサマーワ市街が一望できた。日本の市街地とは違い、ネオンや明るい照明の類いはなく、街灯や民家の照明と思われる明かりがポツポツとあるだけで、夜間は市街地にしては非常に殺風景だった。

夜間、銃弾（曳光弾か）と思われるものが街の中から空に打ち上げられることもあった。これは「セレブレーション・ファイア（祝砲）」と呼ばれるもので、祝い事や何かよい出来事があった時などに銃を空に向けて発射する、いわば景気づけのような行為である。イラクでは護身用のためか、小銃を保有している民家が結構あり、こういった発砲は時折市内の各所でみられた。

望楼での警戒監視の勤務時間はそれほど長くはなかったが、常時警戒の態勢で緊張を強いられると、やはり時間は長く感じられた。少しでも緊張をほぐし、時間を気にしないために最も効果的だったのはともに勤務するバディとの雑談だった。もちろん周囲の警戒をしながらボソボソと小声で話しかける。

「あー、腹減ったなぁ……。伊藤3曹、日本に帰ったらまず何を食べます？」

「そうだなぁ……やっぱり寿司とラーメンかな」

「ですよね！　俺も寿司とラーメン食いたいって思ってました！」

このように、たいていは帰国後に何をしたい、何を食べたいといった話や、たわいもない話ばかりしていた。むしろこの方が緊張もほぐれるというものだろう。

宿営地に近づく者

サマーワ宿営地の近傍には幹線道路が東西に走っており、この道路を走行する車輌は重要な監視対象だった。また、宿営地の周囲もまんべんなく監視した。サマーワ宿営地は荒野の中に設営されていたので、周囲に民家や建物はほとんどなく、相当な距離からでも接近するものがあれば、容易に発見でき、警戒態勢をとることができた。

ある日の夜、闇の中で警戒中に暗視双眼鏡の視界に動くものを発見した。

何かがいる！

心臓を冷たい手で握られるような感覚。

「何かいるぞ！」

「えっ？」。バディも同様に監視を始めた。

「こっちに来る……」

「何ですか？」

暗視装置で見た96式装輪装甲車。夜間の監視任務では暗視装置は必須の装備である。鮮明な映像で監視できるとはいえ、突然現れるものの識別には何度も目を凝らした。

遠くてよくわからないが、何か動くもの……暗視双眼鏡では発見当初、何か動く塊のようにしか見えなかった。その物体が宿営地に接近している。何度も目を凝らす。

物体が近づくにつれ、その輪郭がはっきりとし、個々のかたちも見えてきた。

犬？

野良犬だろう。群れをなして宿営地に向かって走ってくる。

「……犬だ」

「いぬ？」

「野良犬の群れだ。7、8匹はいる」

サマーワ宿営地の周囲は何重も防護対策がとられており、いちばん外側は蛇腹鉄条網と高い鉄柵が設置されていた。徒歩で接近する人間や動物などはまずそこで足止めされ、そこからさらに内部への侵入はまず不可能だ。

案の定、野良犬の群れは鉄柵の付近で止まり、周囲をうろついていた。

イラクでは犬はあまり大事にされていないようで、日本のようにペットとして飼うこともあまりないと聞いた。

一応、警衛所には無線で報告したが、無線に出た隊員は（野良犬くらいでいちいち無線報告するな）といった態度がありありと声に表れていた。その後、とりあえず野良犬は脅威ではないと判断し、周囲の警戒を再開した。

また、別の日の勤務では真夜中に道路の端を一人で歩く人の姿を見つけたこともあり、（街灯もない道路をこんな時間に一人で歩くなんて……一体どこへ行くのだろう？）と思いながら、その姿が見えなくなるまで監視したこともあった。

16 闇夜に響いた銃声

「戦場へようこそ」

サマーワ展開からしばらく経つと、望楼勤務にも「慣れ」が出てきた。いつも通りに上番して、何も起こらず、異状なく下番するのが当然のような雰囲気で、いわばルーチンワークになりつつあった。

いま思えば非常に危険な兆候であった。そして、その「慣れ」が一気に消し飛ぶ事態に遭遇した。

「パンッ！」

いつもと変わらない静かな夜、何の予兆もなく突然響き渡った銃声。

やっぱりここは戦場だった。

だってそうだろう？「非戦闘地域」のはずなのに、真夜中に軍事施設の門前で銃をぶっ放す奴がいるのだから。

「発砲だ！」

体勢を低くしながら暗視双眼鏡をすぐ手にして覗き込んだ。銃声が聞こえた西の道路方向に目を凝らす。続けて道路を流れるように見ていく。1台のピックアップトラックがサマーワ市街に向けて走り去るのが視界の隅に入った。

「1台だけ……あの車か？」

道路上にほかの車の姿はなかった。

さらに監視範囲を広める。人の姿もない。

「今のは銃声だよな？　撃ったよな？」

「はい。銃声でした」。バディの隊員も西側の道路を監視している。

警衛所でも状況を確認しているのか、無線はまだ沈黙したままだ。もう一度暗視双眼鏡で周囲を見渡す。相変わらず人や車の姿はない。

一体誰が撃ったんだ？

やはり走り去るピックアップトラックの乗員だろうか？

ようやく無線から異常の有無を報告せよとの声が聞こえてきた。望楼施設や装備品、そして警戒員に異常がないことを確認して、無線に「異常なし」と答えた。

その後も監視を続けたが、宿営地周辺に変化はなかった。

ショックは後からやってくる

突然の発砲……数分前にあった重大事案がなかったかのように、宿営地の周囲は静まりかえっていた。警衛所や各ゲートではあらゆる手段で、誰がどこからどこへ向けて発砲したのか確かめようとしているだろう。

銃声は間違いなく道路の方角から聞こえた。もしかしたら、宿営地正面ゲートの警戒員は、発砲した者の姿や車輛を確認しているかもしれない。

私がいた望楼からは発砲した者の姿は確認できなかった。確認できたのは不審なピックアップトラック1台だけだ。

再度無線が鳴り、耳を傾ける。宿営地内でも隊員や施設に異常はないということだった。しばらくはただならぬ雰囲気だったが、しばらくすると通常の警戒態勢に復帰し、監視を続けた。バディが緊張の面持ちで言った。

「伊藤3曹、びっくりしましたね」

「うん。しかし……どこに向けて撃ったのかな。まあ異常がなくてよかった。やっぱりここではこういうことが起きるんだな。油断できないよ、今さらだけど」

敵対勢力やその類いの人間が我々に対し攻撃や威嚇の意思を持って撃ったのか？　それとも民間人のセレブレーション・ファイアか、もしくは自衛隊への挨拶や応援のつもりで撃ったのか？

そもそもこちらを意識しないで適当に発砲しただけなのか？

発砲直後は訓練通りに動くことができた。頭も体も状況に合わせて自然に動いたような感覚だった。しかし、ショックは騒ぎが収まった後からじわじわとやってくる。

これが現実であり、そしてサマーワの日常なのだ。

サマーワが「非戦闘地域」だって？　じゃあ、いま目の前で起きたことをどう説明するんだ？

私は暗視双眼鏡を覗きながら鼻を鳴らした。

そしてこの夜の出来事は、この後に起きることに比べれば、まだ序章のようなものだった。

17 イラク戦争いまだ終わらず

破壊された友好モニュメント

サマーワ展開当初は支援群長による地元部族への挨拶回りや小学校訪問・文化交流行事などのイベントが功を奏したためか、サマーワの人々とはお互いに良い関係を保っていたと思う。タリル空軍基地との物資輸送時など、コンボイを眺める人々に手を振ると、みな笑顔で手を振り返してくれたものだ。自衛隊歓迎の行事も催され、サマーワ市民が宿営地のゲートまで行進してきたこともあった。

しかし、サマーワ展開期間の中盤あたりから、何となく最初の歓迎ムードが終息しつつあるように感じていた。サマーワ市街地に入った部隊の車輌に投石があったとか、子供たちが自衛隊員に向けて中指を立て、侮辱的な態度を示すようになったという話を耳にするようになって

サマーワ市内の様子。車や人も多く、賑わいが見てとれる。このような時でも、軽装甲機動車の機関銃手は絶えず周辺警戒を行ない、周囲に異常がないか監視する。

きたのである。

　また、宿営地内の役務作業へのクレームが増えてきたともいう。しかし役務の賃金はサマーワでは高額な方だと聞いていたし、勤務時間や勤務内容も厳しいものではなく、むしろ被雇用者であるサマーワ市民が何度も休憩を要求したり、規定の休憩時間を大幅に超えて休むなど、その怠惰な働きぶりが話題になるほどであった。

　そんな時、友好モニュメント（記念建造物）設置の話が伝達された。サマーワ市街地の入口に、日本とイラク（サマーワ市民）の友好の象徴として、モニュメントが設置されるのだという。

　モニュメントは設置の計画を聞いてか

らほどなくして完成し、完成披露の式典も行なわれた。

食堂の掲示板に掲げられた写真を見ると、モニュメントの一部には日本らしく灯籠（とうろう）が置かれていた。土漠に囲まれた街の入口に置くモニュメントにしてはいささか不釣り合いな印象を受けたが、友好の象徴として末永くサマーワ市民に愛されるモニュメントになればいいと思った。

ところが……友好モニュメントは完成から数日で破壊された。２００４年10月8日の出来事である。

後日耳にした話では、モニュメントを破壊した者はサマーワの若者たちで、仏教由来の灯籠がモニュメント内にあるのが気に入らず、破壊したという。また、破壊は爆薬による爆破だったという話もある。

灯籠ひとつに宗教的な意味合いを当てつけ、自分たちが気に入らないからといって、こうも簡単に壊してしまうのか。「不快だから壊す」「気に入らないから壊す」といった短絡的な思考。気に入らないのであれば市に抗議するなど、穏便かつ効果的なやり方がほかにもあるのではないか。

「異文化への理解」と簡単に言うが、私にはただの野蛮な行為にしか思えず、破壊の報せを聞いた時はただやるせなさを感じ、溜息をついたのだった。

ファルージャの大規模な掃討作戦

北の地平線がほのかに赤く染まっている。

確かにそんな光景を見た記憶があるのだが、10年以上も時が経つと、あれは夢か幻か、あるいは後に擦り込まれた記憶のようにも感じる。

だが、あのイラク戦争のまっただ中で、あれは幻などではなく、私が確かに見た光景だ。記録も残っている。

サマーワの北西、約330キロ。バグダッドの西方に位置する都市、ファルージャ。人口約27万5千人（2011年）。住民はイスラム教スンニ派の信徒が多く、市内には200以上のモスク（礼拝堂）があるという。紀元前からの長い歴史をもつ都市だ。

1991年の湾岸戦争では市民に犠牲が出ており、2003年にはアメリカ軍が占領し、治安維持を担当。しかし、2004年3月に起きた現地武装勢力による凄惨なアメリカ人殺害事件を機にアメリカ側の態度が硬化。ファルージャ市内に潜む武装勢力を掃討するため、大規模な包囲掃討作戦が実施された。そして2004年以降も長きにわたり戦闘と混乱が続いた。

イラク戦争における大規模戦闘の一つであり、我々第3次イラク復興支援群が展開した20

04年は特に戦闘が激化した年だった。サマーワに展開した8月～11月はアメリカ軍による航空攻撃も連日行なわれた。

我々がサマーワで汗を流している間も、数百キロ先では戦闘が続き、連日、兵士、民間人ともに多くの死傷者が出ていた。

夜中に轟音で目を覚ましたこともあった。航空機の低空飛行。最初は我慢していたが、一向に止む気配がない。たまらずコンテナハウスの外に出て空を見上げた。真夜中である。高速で飛ぶ航空機の姿をはっきりと確認することは困難だ。作戦行動中のためか、機体に装備された灯火を消していたようにも思う。

しばらく夜空を見上げているうちに、宿営地の上空を低空飛行する航空機の姿がおぼろげながらわかってきた。航空機マニアの本領発揮である。どうやら当該航空機は国籍不明ながら戦闘機のようで、甲高いエンジン音を響かせて高速で飛び去っていく。2機編隊で飛行し、各編隊は1～2分間隔で次々と宿営地上空を通過し、飛び去った先は、北の方向であった。

ファルージャか。

直感的にそう感じた。あの戦闘機はファルージャ攻撃に向かっているのだろうか。望楼に登って北の方向を見れば、赤く染まった地平線が目に入るだろう。

戦争はまだ終わっていない。今、この瞬間、たった330キロ先に死があるのだ。

18 宿営地攻撃される

これはまぎれもない実戦だ

「サマーワ宿営地への展開期間、約3か月の間に5回」

これは我々第3次イラク復興支援群が確認した迫撃砲およびロケット弾の発射や弾着の中で、明らかに宿営地を狙った攻撃と判断された攻撃の回数である。

サマーワ宿営地は市街地から離れた土漠の中に孤島のように構築されており、宿営地の方向に弾が飛んでくれば、それはほぼ確実に宿営地を狙って撃たれたものだ。

第1次群から第10次群までの全10個復興支援群の中でも、我々第3次群は第1波がサマーワに到着して以来、最も多く攻撃を受けた支援群だった。

2004年8月21日　宿営地外（宿営地の南約2キロ地点）にロケット弾1発着弾

8月23日　宿営地外（1発は宿営地から約500メートル地点）に迫撃砲弾3発着弾
8月24日　宿営地外に迫撃砲弾1発着弾
10月22日　宿営地内にロケット弾1発着弾。宿営地内への初の着弾
10月31日　宿営地内にロケット弾1発着弾

着弾に気づかなかった

宿営地への攻撃事案を振り返って興味深いのは、飛翔音や着弾の様相を語る隊員の証言がそれぞれ異なっていたことだった。

発射音から着弾音まで聞こえたという隊員もいれば、飛翔音すら気づかず、翌朝になって同僚から攻撃があったことを知ったという隊員もいる。

この飛翔音自体も隊員によって聞こえ方が違うようであった。これは着弾時に宿営地内のどこで何をしていたかによっても違いがあるのだろう。

私が聞いたのは飛翔音のみで、発射音や爆発音は一度も耳にしなかった。通常、迫撃砲弾やロケット弾の普通弾には炸薬が充填されており、着弾すれば爆発する。その際、音や振動を感じるはずなのだが、それがなかった。個人的な推測だが、使用されたのは炸薬が充填されてい

ない訓練弾や演習弾の類いだったのではないか。あるいは信管を外しての発射も考えられる。

実際、2004年8月23日と24日の着弾に私は気づかなかった。この両日の着弾地点が宿営地外というのもあるだろうが、それにしても、8月23日は第3次群第2波の部隊がサマーワ宿営地入りした日であり、私もこの中にいた。サマーワに到着するや否や2日連続で攻撃されるとは思ってもみなかった。まったく迷惑な〝歓迎〟である。

一方、攻撃を実行した犯人については隊員に対して発表や伝達されることはなかった。相手は人目につかない場所から射撃をしてくるだろうし、射撃後は即座に逃亡を図るだろう。

夜間は宿営地内に全隊員がおり、宿営地外パトロールなどは実施されていないため、犯人に関する情報などは得られない。たとえ攻撃後に何らかの情報が入り、犯人が判明しても、我々隊員に伝えられることはないだろう。仮に知ったとしても我々にできることは何もないのだ。おそらく、支援群の上層部も犯人の情報などは明確には把握できなかったのではないだろうか。

隊員の間では、サマーワ市内の線路（サマーワ市内には鉄道が通っており、駅もある）で何かを発射した痕跡が見つかったとか、宿営地での役務の仕事につけないサマーワ市民が腹いせにやっているとか、根拠のない噂話が流れていた。

犯人の中に迫撃砲弾やロケット弾を調達し、それらの発射装置の操作、射撃要領に精通している者、たとえば元軍人や敵対武装勢力の構成員、もしくはそれに準じた人間がまぎれ込んでいるのは間違いないだろう。

「2303、弾着」

私の手元にイラクに持参した日記がある。その白い表紙には「2004」と記され、10月22日の項目を開くと「2303、弾着」と書かれている。

23時03分に弾着音もしくは飛翔音を耳にし、時計で時刻を確認したのだろう。

2004年10月22日。この日、夜の早い時間に望楼勤務に上番し、警戒任務についた。早めの時間に上番すれば、下番後は起床時間までゆっくり就寝できる。この夜は異状なく下番し、コンテナハウスに戻って装備を外してTシャツとハーフパンツの寝間着に着替え、早々にベッドに横になった。

ゴオッ！

ジェットエンジンを吹かす際に響く轟音、あの音に似た音が突然耳をつんざき、目を開く。

轟音が一瞬響き、続いて鈍い音。そして静寂。

（攻撃だ！　近いぞ）

コンテナハウス内の最上級者であるT1曹が全員に鉄帽と防弾チョッキの着用を指示した。無灯火の闇の中、ベッドの下に置いてある鉄帽と防弾チョッキを取り出し、装着する。Tシャツとハーフパンツの上にこの装備は何とも間抜けな格好だが、そんなことは言っていられない。次弾、2発目の着弾の可能性があるため、即座に身を守る態勢に入らなければならない。そして、この姿でしばらく待機する。耐弾化されたコンテナハウスが最も安全な場所だった。

暗闇の中で数分前の着弾の様子を反芻する。轟音がしたということはロケット弾だろうか。そして、おそらく轟音の後の鈍い音は地面に当たった音だろう。いずれにせよ、このコンテナハウスから相当近い場所に着弾したようだ。

「すごい音だったな」。誰かが口を開いた。

「かなり近い所に落ちたと思いますよ。地面に当たる音まで聞こえましたから」

20分も待機しただろうか。次第に隊員の走る靴音や車輌の走行音が聞こえ始めた。扉を少し開いて外の様子をうかがい、すぐに閉じる。宿営地内の照明などはすべて消され、真っ暗だった。

もっとも夜間は許可された天幕やプレハブ以外はすべて照明を消し、宿営地から可能な限り光を出さないようにしている。明るくすれば各種攻撃の照準や宿営地の位置の特定が容易になるためだ。天幕の入口も二重の幕で光が漏れない仕組みになっている。

着弾は午後11時を過ぎており、宿営地内でも警衛所や支援群本部などしか室内照明はつけていなかっただろう（もちろん遮光はしている）。それらの施設も着弾後はすぐに消灯し、宿営地内は完全な闇になっているはずだ。

急に扉が開き、懐中電灯で照らされた。

「デルタチーム、異状ないか？」。整備小隊長だった。

「異状なし」。皆が答える。

「了解。まだしばらくはこの態勢で待機してくれ」

そう言い残すと、小隊長は足早に去って行った。

さらに数十分待機し、ようやく警戒態勢解除の指示が出た。やれやれ、と装備を外し、またベッドに横になった。望楼勤務もあって疲れていたのか、すぐに眠りにつくことができた。少なくともこの日は。

宿営地攻撃に訓練通りに対処できた

翌23日は朝から捜索が実施された。

「はっけーん（発見）！」

捜索開始からしばらくして、遠くから声が上がった。声が聞こえた方に目を向けると、弾着位置と思われる場所を囲むように数人が距離をとって地面を見ていた。地面には金属製の円筒形をした物が転がっており、形状も色も戦車砲弾の薬莢に似ていた。

107ミリロケット弾だ。長さは70数センチで、信管は装着されていなかった。

「あれか……あんな物がコンテナハウスに当たったら、俺たち危なかったな」

同じ小隊の先輩陸曹がつぶやく。

弾着位置の向こうには私が寝泊まりしているコンテナハウスが見える。ロケット弾が落ちた場所に最も近い位置にいたのは、我々だった。

もしロケット弾に信管が装着され、着弾時に爆発したら……。

飛翔方向が少しずれて、コンテナハウスに向かって飛んで来たら……。

(運が良かったってことか) 地面に転がるロケット弾を見てそう思った。

ここが安全地域ではないことは前からわかっていたことだ。

迫撃砲やロケット弾による攻撃も想定されていた。

今さら騒ぐことじゃない。

発砲事案の時も、昨夜も、俺たちは訓練通りに行動できた。

また攻撃されたら？　昨夜と同じように対処するだけだ。

19 眠れない夜

視察官によるサマーワ視察

宿営地にロケット弾攻撃があった10月後半、防衛庁（当時）や陸上自衛隊の各機関からさまざまな分野の要職についている視察官の一隊がサマーワ宿営地を訪れ、数日宿泊し、宿営地やサマーワの状況を視察した。

視察の内容は多岐にわたり、自衛隊中央病院の医官によるカウンセリングも実施された。過酷な環境で極度に緊張を強いられる任務、数度の宿営地攻撃など、我々第3次イラク復興支援群の隊員の精神状態の調査も重要な目的のようだった。

そして視察官の一隊は滞在中、ロケット弾攻撃に遭遇した。

視察官の目にこの攻撃と着弾後の宿営地の一連の状況がどのように映っただろうか。宿営地攻撃を目の当たりにして、防衛庁にロケット弾攻撃の詳細な報告がされたと思われるが、この一件を含めてサマーワのさまざまな実態がより詳しく報告されることで、さらなる対応策が練られ、我々第3次群の後に続いてサマーワに展開した各支援群の任務遂行における安全面、運用面の向上に資したことは想像に難くない。

恐怖は後からやってきた

10月22日の宿営地攻撃から数日ほど経過して、私は体の異変を感じるようになった。眠れない。

クウェート、イラクに来てからは連日の業務や訓練の疲れで、ベッドに横になればすぐに深い眠りにつくことができた。

もちろん最初は（人間の体なのだから、こんなこともあるさ）とあまり気にせず、自然に眠りに落ちるまで目をつむっていたが、眠れない日が何日も続くと、さすがに何かおかしいと感じるようになった。

眠れたとしても非常に浅い眠りで、宿営地に近い幹線道路を走るトラックの走行音でも目が覚めた。神経が張り詰めたようで、それがなかなか鎮まらない。

レンジャー課程を修了した隊員から聞いたことを思い出す。課程の後半、体力も精神力も極限まで追いつめられると、非常呼集をかけるため課程学生の居室に忍び寄るようにやってくる助教のごく小さな足音でも目が覚めるという。

大型車輌の走行音のように低く轟く音は砲弾の飛翔音を想起させ、聞こえるたびに目が覚める。これが毎晩続いた。思うように眠れないのは本当につらい。

体は正直だ。一度身の危険を体験しただけで神経が高ぶり、警戒態勢に入ってしまう。着弾に対する恐怖は正直感じなかった。こういうものだと思っていた。でも本当は、私は、怖かったのだと思う。

「新潟県中越地震」で原隊は災害派遣へ

宿営地内にロケット弾攻撃を受けたものの、被害もなくホッとしていたところに、ショッキングなニュースが飛び込んできた。

2004年10月23日に発生した「新潟県中越地震」である。派遣隊員のリアルタイムな情報源といえば食堂のテレビしかなく、食事のたびにテレビ画面を観ながら状況の推移を見守った。

地震の規模や被害の出ている地域を考えると、東北の部隊が災害派遣で出動するのは確実と思われた。時間が経つにつれて明らかになる被害の大きさに、すぐにでも帰国して災害派遣部隊に合流したいと強く思ったが、我々もまた重大な任務を帯びて中東の地まで来ているのだ。最後までイラク復興支援任務を遂行しなければならない。

原隊の後輩に部隊の状況をメールで訊ねると、すでに派遣準備を整え、出発の命令を待っている状態だと返事が来た。

「気をつけてな、よろしく頼む」と返信する。

このやり取りの直後、私の原隊は災害派遣出動で新潟へ向かった。

コンテナを貫通したロケット弾

10月22日の攻撃から、それほど日も経っていない10月31日、再びサマーワ宿営地は攻撃にさらされた。前回同様、ロケット弾による攻撃で、宿営地内に着弾、資材を集積したコンテナを貫通した。幸いにも隊員に被害はなかった。

私の日記の31日のページに着弾の記載はなく、翌11月1日に「昨夜の22時30分頃、再度着弾」と書かれている。

11月1日、食堂で喫食していると、昨夜の着弾のニュースが流れ、食堂内の隊員たちは一斉に大型テレビの画面を見つめた。

「もうニュースになっているのか」

「早いですね」

同僚と画面を見ながら言葉を交わす。

ロケット弾が貫通したコンテナは宿営地内の道路脇にあり、この道路は私がランニングの際に走るコースだった。

後日、そのコンテナはどこだろうと周囲を見回しながらランニングしていると、周囲にスズランテープ（合成繊維製の幅広で薄手のテープ）が張られたコンテナを見つけた。足を止め、近づいてみる。大きな穴が空き、コンテナの内部が見えた。内部には資材が積まれていたが、その用途はわからない。見た感じでは重要なものではなさそうだった。

それまでの攻撃は宿営地の外に着弾していたのが、10月22日から2回続けて宿営地内に着弾した。攻撃の精度が高まっているのか、それとも偶然か……。

再び走り出し、考えるのをやめた。考えたところで次の攻撃を阻止できるわけでもないし、着弾地点を予測できるわけでもない。我々はただ備えるしかないのだ。

11月、撤収始まる

11月に入ると、日中の暑さが少しやわらいだ気がした。そして夜に寒さを感じる日も出てきた。出国前に衣類を準備する際、セーターを畳みながら（11月まで滞在するけど、セーターなんか必要だろうか）と思ったが、11月以降はそのセーターを着る機会も多く、重宝した。

この頃、我々と交代でサマーワ宿営地に展開する第4次イラク復興支援群所属の少年工科学校の同期とは頻繁にメールで情報交換していたが、彼らがサマーワに展開する12月、1月はさらに気温が下がると予想され、防寒着は多めに用意するようアドバイスした。

整備小隊では通常業務の規模が縮小され、同時に整備用資機材の手入れ、片付けなど、第4次群整備小隊への引き継ぎ準備が始まった。

こういった引き継ぎ準備は他部隊、他部署でも同様に始まったようだ。また、本来の整備業務が減った代わりに、それ以外の仕事が増え、宿営地内の耐弾化工事や新しいプレハブの組み立てといった作業にも従事するようになった。

活発だった宿営地内が少々静かになった感があり、ここを去る日も近いと思うと、何となく寂しさを感じた。

20 気のゆるみから断線事故

慈雨か涙雨か

サマーワの天候について聞かれたことがある。「雨は降らないのか?」と。

私がサマーワ宿営地にいた約3か月間、雨が降ったのはたった2回、しかも両日とも10分足らずのにわか雨で、非常に激しく降るのが特徴だった。日記によれば、降雨は1回目が11月2日、2回目が11月20日にあった。

雨が降ると、地面は水浸しとなり、池のようになった。しばらくすると急に雨が上がり、陽がさしてくる。その後、池のようだった大地は雨水が吸収され、雨など降らなかったかのように乾いた大地に戻るのである。

また、9月~10月半ばまでは雲を見ない日が多かったが、10月後半あたりからは早朝に空一面の筋雲をよく見るようになった。灼熱のイラクとはいえ、やはり季節によって多少は天候に変化があるようだ。

「クレーンが上がったままだぞ！」

11月13日、この日も整備業務はなく、同じ小隊の上級陸曹とともに宿営地内の耐弾化作業に従事していた。クレーン装備の3トン半トラックを運転し、集積場で耐弾ブロックをクレーンでトラックに積載し、指示された位置にブロックを下ろしていく作業である。

午前の作業は順調に進み、昼の休憩を挟んで午後の作業に入った。要領は午前と同じなので、午後もスムーズに作業を進めていた。

本部管理中隊の本部天幕の前にブロックを下ろし、再度積載のために集積場に向かおうとトラックの運転席に座る。ちょうど天幕から運動服姿の本部管理中隊長が出て来た。中隊長はトラックに乗っている私を見て「お疲れさん！」と声をかけて下さった。

私も「お疲れさまです！」と敬礼する。前に向き直り、トラックのエンジンを始動。ゆっくり前進させる。ちらりと中隊長を見たら目を見開いて私に何かを言おうとしているように見えた。

何だろうと思ったのとトラックに衝撃が走ったのはほぼ同時だった。

「何だ？」

ブレーキを踏み、周りを見る。トラックの車長席（助手席）のドアが開き、中隊長が顔を覗かせる。

「クレーンが上がったままだぞ！　送電線に当たっているからゆっくり下がれ！」

「えっ……」

やってしまった！

一瞬で血の気が引いた。

トラックを後退させ、降車する。送電線が垂れ下がり、電柱も何本か傾いていた。被害の状況を目の当たりにし、ショックで声も出ない。

周囲の天幕から隊員たちが続々出てくる。

「すぐに通信小隊に連絡！」。誰かの声が聞こえた。

すでに異常を察知していたのか、通信小隊長以下数名の隊員が駆けつけてきた。

通信小隊長の許へ駆け寄り、深々と頭を下げる。

「申し訳ありません！」

小隊長は私には目もくれず、深刻な顔で現場を見つめていた。

そのうちに整備小隊長も駆けつけてきた。私の状況説明を聞いた後「起こってしまったものは仕方ない。ここにいても君たちにやれることはないから、作業に戻れ。気をつけてな」と言われた。呆然としながら作業に戻る。

私を慰めてくれたヘリパイロット

夕方。その日の作業を終えると、各関係部署を謝罪して回った。そして待機天幕に戻る。終礼までにはまだ時間があった。

天幕に入ると、小隊の同僚の視線が一斉に自分に向けられるのがわかった。顔が引きつる。「皆さん、ご迷惑をおかけしました」。頭を下げてそそくさと自分の椅子に座る。

「仕方ねぇよ、気にすんな」

「もう復旧したし、大丈夫だよ」

皆から慰められたが、ショックで何も考えられず、皆の声も遠くから聞こえるようだった。

終礼が終わると、すぐに運動着に着替え、ランニングを始めた。とにかく走って気分をまぎらわせたかった。

ヘリポートから轟音が聞こえる。今日も多国籍軍のヘリが所用で来ているようだ。しばらくヘリポートの方を見ていたが、ヘリが離陸する様子もないので、ヘリポートを背に走り出した。走り出してしばらくすると、背後から轟音が迫ってくる。私の頭上を低空で航過して行ったのはオランダ軍のヘリだった。ヘリを見つめながら走る。すると、ヘリは右に急旋回しながら火の玉を2、3個吐き出して飛び去った。

フレア。主に赤外線誘導ミサイルの撹乱に使用される燃焼物だ。

別れの挨拶代わりに撒いたのだろう。粋なパイロットだ。

私は惚(ほう)けたように立ち止まってヘリを見送った。

「すげえ！」たまらず笑顔になる。私の目の前で起きた、まるで私のためだけに見せてくれた突然のショー。航空機マニアの私にはたまらない瞬間だ。

落ち込んでいた私を最も慰めてくれたのは、名も知らぬオランダ軍のヘリコプターパイロットだった。

21 部隊交代始まる

古代メソポタミアの遺跡を見学

ウルのジッグラト。古代メソポタミアの象徴的な建造物として世界史の教科書などでも紹介されており、ご存知の読者も多いと思う。

話は前後するが、２００４年11月８日、サマーワ展開期間最後の物資輸送任務に参加、タリル空軍基地へ向かった。物資の積載を終えると、コンボイの乗員が集められ、高機動車に乗せられた。

「どこに行くって？」

「見学だとさ。何か、近くに遺跡があるらしい」

遺跡？　そういえば、他部隊の隊員が遺跡を見に行き、見学や土産物の購入をしたという話を耳にしていたが、そこのことだろうか。物資輸送の機会に見学するということか。

私は歴史が大好きで、日本では博物館や史跡を訪問する機会も多かった。少し心が躍る。

20分くらい車に揺られただろうか。車が止まり、下車の指示が出た。

「おお……」

そびえ立つジッグラトを目の当たりにして、思わず声が漏れる。

海外の歴史的建造物を目にするのは初めてであり、特徴的なジッグラトの形状も相まって、俄然興味が湧いてきた。

4000年以上の歴史に思いを馳せる

武装を解いて軽装での見学が許可された。小銃と防弾チョッキ、鉄帽を車内に置き、戦闘服に防暑帽でジッグラトに向かう。階段の上り口で記念写真を撮り、その後、階段を上って上部を目指す。手すりをはじめ、ジッグラトの外面は煉瓦が積み上げられていた。建造されたのが紀元前2100年頃というから、約4100年も前のものか。煉瓦に触れながら、時の流れに想いを馳せる。

ジッグラトの上部に上がると、元あったという神殿は姿形もなく、土があらわになり、荒れ

ウルのジッグラト全景。この距離から見ると保存状態は良好に見えるが、近づくと外壁の崩れなどが目立った。頂上には大規模な構造物があったとされるが、今は何もなく、その面影はなかった。

ウルのジッグラト、中央の階段昇り口にて記念撮影。よく見ると階段の両側もレンガの損傷がいたるところに見られる。レンガに触れて古代に思いを馳せると、4000年以上という時の長さの前に自分の存在の小ささを感じた。

た地面が広がるのみだった。しばらく歩き回り、全周を見渡す。目立つ物といえば足元に広がる広大なタリル空軍基地、そして民家も散在していた。あとは土漠が広がるだけだった。

古代の神官もこの景色を見ていたのだろう。しばらく目の前に広がる景色を眺めていた。

ジッグラトから下りると、少し離れたところに小屋があった。どうやら聞いていた土産物屋のようだ。近づいて覗いてみると、物産品や工芸品といったものはほとんど見当たらず、フセイン時代の硬貨やイラク軍の用品などが並んでいるだけで、無愛想な男が二人座っていた。軽く挨拶しても、ふて腐れたような表情を変えることはなかった。

ほかの隊員が購入した硬貨セットを手に取り、値段を聞くと、聞いていた値段の倍だった。驚いて「前に日本隊が来て、これを購入した時には半分の値段だったと聞いたけど？」と言うと、無言で首を振るだけ。何て連中だ。ぼったくる気か。

しかし、ここで買わなければ後は入手できる機会はない。こんな連中から買うのは腹が立つが……。さんざん迷ったあげく、彼らの提示した値段で購入した。とはいえ、何十ドルもするような値段ではなく、十数ドルの出費だったが。

買い物を終え、あらためてジッグラトを見上げる。

見学に訪れていたのは当初我々だけだったが、タリルに戻る直前にアメリカ軍の兵士が数十人訪れた。

日本の歴史的建造物とは違い、補修や整備をしている様子もなく、ただ朽ち果てていくままにしているようだった。ゲートや外柵などもなく、いつでもだれでも自由に入れる。その割にいたずらの跡やゴミが見当たらなかったのは、もともと訪れる人がなく、興味を持つ人も少ないのかもしれない。

3か月ぶりのキャンプ・バージニア

サマーワでの任務終了まで1週間をきった。

本格的な整備業務はほとんどなく、日中にやることといえば飛び入りの軽整備や点検を行なうくらいで、あとは引き継ぎ準備と帰国準備だった。整備天幕や待機天幕、コンテナハウスの中も私物は少なくなり、整備天幕付近も業務最盛期のにぎやかさはもうなく、何となく寂しさを覚えた。

11月10日、用務でクウェートのキャンプ・バージニアへ。今回は全行程を陸路で移動した。朝6時に高機動車に乗り込み出発、午後1時過ぎにキャンプ・バージニア到着。移動間、休憩といえばイラク・クウェート国境近くのガソリンスタンドで、給油時に降車して用を足すくらいだった。

約3か月ぶりのキャンプ・バージニア。特に変わったところはなかったが、多国籍軍の動きは相変わらずで、これからイラクに展開する部隊、イラクでの任務を終え、帰国準備のため滞在する部隊が混在していた。

どこの国の兵士も、展開前か帰国前かはその表情や雰囲気でわかる。展開前の兵士は何となく緊張感が表情に出ており、キャンプ内での足どりも重たげな印象を受ける。

反対に、帰国を控えた兵士は明るい表情で仲間と話したり大きな笑い声を上げたりしている。早く母国に帰りたいという気持ちがその振る舞いからもみえる。

売店で買い物をしていたら、緑系の迷彩服を着た兵士二人に声をかけられた。

「何か用かい?」と聞くと、カメラを取り出し(一緒に撮ろう)とジェスチャーをしている。

オーケーと答え、一緒に写真を撮った。見たところヨーロッパ近辺の国の兵士のようだが、英語をほとんど話さず、聞いたことのない言葉で会話をしていた。

「どこの国から来たんだい?」

「ジョージア」

ジョージア? アメリカの? まさか……この二人はアメリカ兵ではない。

「ジョージアから来たの?」

「そう、ジョージアだ」

首を傾げて（どこの国だろう……）と考えていると、一人が雑誌コーナーから世界地図を持ってきて広げ「ここだ。ここがジョージア」と指さした。

グルジア。現在、英語名の「ジョージア」が定着しているが、2004年当時、日本ではまだ「グルジア」の呼び名の方が一般的だった。

「ああ、グルジア！　オーケー、わかった」

そう言って頷くと、二人は満足そうに微笑んだ。

サマーワ展開前のキャンプ・バージニア滞在期間に通ったカフェ「グリーン・ビーンズ・コーヒー」にも顔を出してみた。あの人なつこいインド人スタッフ、アニーシに会いたかった。

店に入ると、スタッフは初めて見る顔ばかりだった。

「注文は？」

私に気づいたスタッフが声をかけてくる。

「アニーシは？　アニーシというスタッフがいたと思うんだが」

「彼はもういないんだ」そのスタッフは事もなげに答えた。

辞めたのだろうか……。

サマーワでの任務を終えてまたキャンプ・バージニアに戻ってきたら、必ずここに顔を出すよと言った私に「待ってるよ」と笑顔で答えたアニーシ。

彼にはもう会えないのか。寂しい思いで店を後にした。

この日はキャンプ・バージニアに一泊し、翌日11月11日は朝4時起床、5時に出発。再び陸路で前日の経路を逆に進み、午後1時過ぎにサマーワ宿営地に戻った。

さよならパーティ、そして母国より援軍来たる

11月17日は夕方から「さよならパーティ」が開かれ、糧食班が腕を振るった料理に舌鼓を打ちながら各中隊の余興を見て大笑いし、なごやかな時を過ごした。

11月19日早朝、第3次イラク復興支援群クウェート移動第1波がサマーワを出発。手の空いた隊員は全員集合し、仲間の出発を見送った。

11月20日午後、第4次イラク復興支援群サマーワ展開第1波がサマーワ宿営地に到着。前日の見送りと同様、多くの隊員が駆けつけ、第4次群の隊員を拍手で迎えた。次々と宿営地に到着する車輌。その窓やハッチから顔を出し、出迎えに応える隊員たちはみな笑顔だ。

自分がサマーワに到着した時もこうだったな。あれからもう3か月も経ったのかと感慨にひたる。

22 さらば、サマーワ

支援群長から記念メダル授与

11月21日。朝4時起床。外はまだ暗い。

3か月間、体の疲れを癒やしてくれた寝具を丁寧に整頓し、戦闘服に着替え、荷物を私物バッグに詰め込む。

準備を済ませ、最後にコンテナハウスの中を見渡す。照明を消し、外に出て扉を閉じた。

集合地点で点呼を受け、乗車要領および移動要領の説明を受ける。移動経路はサマーワ展開時と逆経路で、サマーワ宿営地からタリル空軍基地まで陸路、タリル空軍基地から航空自衛隊の輸送機に搭乗、空路でクウェートに入り、アリ・アルサレム空軍基地へ。そして再度乗車、陸路でキャンプ・バージニアを目指す。

乗車の指示が出た。1列で乗車位置まで進む。

その途中で、支援群長が隊員一人ひとりに声をかけて握手し、記念メダルを渡している。

自分の番だ。群長の前に立つ。

「お疲れ様、ありがとう!」。群長が笑顔で手を差し出した。

「ありがとうございます!」。群長の手を握る。渡されたメダルは透明なケースに入っており、群長の直筆で「お疲れ様!」と記されていた。

高機動車に乗車し、しばし待機する。東の空が明るみ始めていた。見送りの隊員が大勢詰めかけていたが、薄暗くてその表情まではわからない。

車長から出発の声がかかった。後部ドアを閉める前にもう一度、見渡せる範囲の景色を目に焼きつける。

さらば、サマーワ。二度と訪れることのない地。

クウェートで待っていたのは……

見送りの隊員の歓声のなか、車列がゆっくりと動き出す。

高機動車はしばらくゲート間の折り返し部分を進んでいたが、そのうちに速度が上がり、安

サマーワ出発直前の様子。まだ陽が昇っておらず、周囲の様子もわかりづらいが、多くの隊員が見送りに駆けつけてくれた。写真の光点は隊員がかぶっている防暑帽の国旗にカメラのフラッシュが反射したもの。

第３次イラク復興支援群群長・松村1佐がサマーワを発つ派遣隊員1人ひとりに手渡しした記念メダル。３次群のシンボルであるイヌワシが刻まれている。ケースには群長の手書きで派遣隊員への労いのメッセージが書かれている。

定した走行になった。サマーワ宿営地を出たのだ。

最後に宿営地全体をこの目で見たかったが、高機動車の後部は装甲板で囲まれているため、それも叶わない。タリルまではまだまだ時間がある。私は眠気に任せて目を閉じた。

タリル空軍基地に到着する頃にはすでに太陽は頭上に昇り、気温も高くなっていた。

輸送機の到着までターミナル内で待機するように指示された。

「なんだ、輸送機はまだ来てないのか」。誰かがつぶやいた。

私は荷物を降ろし、ターミナルの外に出て、ただ空を眺めていた。

今日も晴天だ。暑い。

「輸送機はいつ来るかわからないぞ。少しでも涼しい所にいろよ」

声をかけられたが、それでもなぜか輸送機の到着をこの目で見たくて、空を見上げていた。

しばらく周囲をうろうろしては空を見上げ、輸送機が現れるのを待った。

「来た！」

ついに待ち焦がれた姿を見つけた。それは突然空に現れたようだった。

水色に塗装された航空自衛隊のC‐130輸送機は見事なほど、空に溶け込んでいた。

機体が次第に近づき、滑走路に滑り込む。機体に描かれた鮮やかな日の丸が目に入った。

輸送機到着の報せで、みな荷物を担いだ。

その後、駐機場へ移動、輸送機のロードマスター（空中輸送員）の指示で乗機する。

機内の簡易シートに腰を下ろす。貨物扉が開いて開放されている機体後部からしばらく外を眺めていたが、やがて貨物扉が閉じられ、機内は薄暗くなった。

ついにイラクを離れる時が来た。

我々を乗せた輸送機はタリル空軍基地を離陸、機首をクウェートへ向けた。

3か月前、イラク入りする際に機上で感じたような緊張感はそれほど感じない。ほかの隊員の表情も明るい。だが、輸送機の搭乗員たちは半球形の風防を通して周囲の警戒を怠らない。前回と変わらないその厳しい視線。感謝の念を抱かずにはいられなかった。

やがて輸送機は高度を下げ、アリ・アルサレム空軍基地に着陸。接地の軽い衝撃を感じて安堵する。輸送機はしばらく駐機場までタキシングし、やがて停止した。

機体後部の貨物扉が開き、外の光が機内を照らす。

目を細めて扉の向こうに広がる景色を見た私は、思わず息を呑んだ。

熱風にはためく数本の隊旗。

旗の下、整然と並んでいるのはアリ・アルサレムで任務についている航空自衛隊の隊員たちだった。我々のために出迎えに来てくれたのだ。支援群の隊員たちも、みな感嘆の声をあげている。支援群の隊員が輸送機の後部から次々と降りると、航空自衛隊の隊員たちは一斉に敬礼し、拍手で迎えてくれた。

私は輸送機の機内前方に搭乗していたため、降機は最後だった。

「お疲れさん！」「お疲れ様でした！」

部隊や部署の長と思われる幹部から若手の隊員まで、全員、敬礼しながら声をかけてくれた。私も一人ひとりに感謝の答礼をしながら「ありがとうございます！」と答える。

列は長い。多くの隊員が駆けつけてくれたのだ。陸上と航空、所属が違うとはいえ、同じ自衛官として、ともに母国日本を離れて酷暑のイラク、そしてクウェートで汗を流しながら任務についた。

何より我々を安全にイラクまで輸送し、そしてクウェートへ送り届けてくれた仲間たちである。私の胸の内は彼らに対する感謝でいっぱいだった。

装備を返納し、休養

アリ・アルサレム空軍基地から陸路でキャンプ・バージニアへ移動。天幕に入り、荷を下ろす。その後、帰国準備に入った。

戦闘装備をすべて集積し、返納前に89式小銃を念入りに整備する。3か月間、各種任務・行動時に常時携行した、私の唯一の装備火器。弾倉もすべて弾のうから取り出し、中の5・56ミリ弾をすべて取り出す。弾の数は3か月前の展開準備の際、弾倉に詰めた数と同数だ。サマーワ展開中、1発も発射することなく全弾返納できた。

同時に、全員が医官によるカウンセリングを受けた。心身ともに特に異状はない。私のカウンセリングは短時間で済んだ。

後片付けとカウンセリングが終われば、もうキャンプ・バージニアでやることはなく、数日後のクウェート市内移動までは基本的に休養だった。やることといえば、天幕内で読書や音楽を聴いてリラックスするか、たまに売店地区に行って買い物したり、広場のベンチで飲み物や菓子を片手に仲間と雑談して過ごすくらいだった。

端から見れば仕事もせずにだらだら過ごしているように見えるかもしれないが、すでにこの時点からクールダウンの時期としてスケジュール的に位置づけられていたのかもしれない。

クールダウンとは、帰国前に各種任務から完全に離れ、体に溜まった緊張やストレスを緩和させ、心身を良好な状態に整える期間である。特に精神的な部分で重度の緊張やストレスを抱えたまま帰国すると、日本での生活や原隊に復帰して再び任務につく際に支障が出る可能性があるということなのだろう。

実際、他国の軍隊ではクールダウンを十分に設定しなかったため、兵士が帰国後に精神的不調に陥ったり、家族とコミュニケーションがうまくできなくなり、家庭崩壊や離婚の原因となるケースがあるという。

正式には、数日後にクウェート市内へ移動し、ホテルでの3日間の滞在がクールダウンとされていた。

米精鋭部隊員とつかの間の交流

キャンプ・バージニア売店地区の広場は3か月前と変わらない盛況ぶりだった。夕方になればキャンプ中から各国の兵士たちが集まり、売店で購入したノンアルコールビールを片手に会話や食事を楽しむのである。

同僚と二人で広場のベンチに座って話していたら、三人の大柄なアメリカ兵がやってきた。

「ここ、空いてるかい?」

「ああ、空いてるよ」

そう答えると、三人は私たちとテーブルを挟んだ反対側に座り、大声で話し始めた。訓練や上官の愚痴を言っては声を上げて笑っている。

ふと、そのうちの一人が私を見た。

「日本兵だよな、調子はどうだい？」

「サマーワから戻ってきたところさ」

「そうか」

それからしばらく世間話をすると、彼らが立ち上がり「俺たちはもう戻るんだが、よかったら遊びにこないか？」と言う。

同僚も行きたいと言うので、厚意に甘えて彼らについていった。

アメリカ軍の天幕は売店地区からかなり離れており、しばらく話をしながら歩いた。

「着いたぜ。ここが俺たちのテントだ。入って」

中に入ると、意外に閑散としていた。私たちの天幕では数多くの簡易ベッドが整然と並び、隊員もそこかしこにいるが、入ったアメリカ軍天幕は簡易ベッドが天幕内の隅に広い間隔で並べられており、兵士もベッドで横になったり、天幕内でウロウロしている者が数人いるだけだった。彼らも休養の最中だろうか。

「おい、日本の友人を連れてきたぜ！」

私に最初に声をかけてくれた兵士が声を上げると、物珍しげに兵士たちが集まってきた。お互いに挨拶と握手をしながら、雑談や物の交換、写真撮影をした。

ある兵士は「俺、交換できるような物を持ってないな……そうだ！」とバッグをごそごそと

アメリカ軍の宿泊用天幕内で記念撮影。左上は筆者の後方に立つ兵士にもらった「マークスマンシップ・クオリフィケーション・バッジ」という射撃技能優秀者が着けるき章。その中でも最高クラスの「エキスパート」バッジである。

探り、制服を取り出すと、上衣からき章を外し、私に手渡した。「マークスマンシップ・クオリフィケーション・バッジ」と呼ばれる小火器などの射撃技能優秀者が着用するき章だった。

「これは……こんな大事なもの、受け取れないよ」と返そうとしたが、「いいんだ、問題ない。受け取ってくれ」と言う。そして「君がくれたバッジの方がいいものだよ。日本の国旗が描かれているね。帰国したら妻に見せたい」と人なつこい笑顔で言った。私は重ねて礼を言い、き章を受け取った。

天幕を出る頃には陽も落ち、外は

薄暗くなっていた。出入口まで来て見送ってくれた彼らと握手をして別れの挨拶をし、天幕を離れた。

「気持ちのいい連中でしたね」

同僚と話しながら自衛隊の天幕地区に向かって歩く。

物々交換した物の中には「AIRBORNE」と記されたワッペンもあった。日本語では落下傘降下を意味する「空中挺進」いわゆる「空挺」のことである。彼らの詳しい所属はわからなかったが、降下作戦能力を持つ精強な部隊の兵士だったのだろう。

バスケットの「国際試合」に熱狂

キャンプの中には娯楽施設がいたる所に設けられていたが、アメリカらしくスリー・オン・スリー（三人制バスケットボール。現在はスリー・バイ・スリーと呼ばれる）のバスケットコートもよく見かけた。

同僚と連れだって食堂へ行く途中、コートに人だかりができていた。誰かがバスケットをやっているのはよく見るが、今日ほどギャラリーが多いのは珍しい。

「おい、自衛官だぜ！」

同僚の声でコートを凝視する。下半身は戦闘服の下衣、上半身はTシャツの格好でプレーしている兵士たち。砂漠迷彩の戦闘服姿の兵士の中で緑色の迷彩服を着た隊員がひときわ目立っていた。

「ちょっと見ていこう」

皆でコートに近寄ると、同じ支援群の自衛官が二人の韓国兵とチームを組み、アメリカ兵のチームと試合をしていた。ギャラリーはさらに増えていき、日本、韓国、アメリカの兵士たちがコートを囲み、歓声に包まれた。日韓連合のシュートが入れば、ギャラリーの自衛官と韓国兵が一緒になって大歓声を上げた。

コートの中でチームメートとしてともに力を合わせ、プレーしている自衛官と韓国兵。彼ら三人が得点するたびに手を挙げ、互いにハイタッチするのを見て、時に国どうしのいざこざはあっても、ここでは同じ辛酸を嘗めた多国籍軍の仲間だよなと、見ていてうれしく思った。

クウェート大使公邸レセプション

２００４年11月23日17時30分、戦闘服にベレー帽姿でバスに乗り込み、キャンプ・バージニアを出発。目指すはクウェート市内にある在クウェート日本大使公邸だ。この日、我々の労をねぎらうため、公邸でレセプションが開かれた。

19時から始まったレセプションには駐クウェート日本国特命全権大使をはじめ、外務省、陸上自衛隊、航空自衛隊の高官が列席し、我々派遣隊員一人ひとりにねぎらいの言葉をかけてくださった。テーブルにはそれまで見たこともないような豪勢な料理が並び、特に寿司は大人気ですぐに皿からなくなってしまった。

大使閣下と並んで写真を撮らせていただいたり、外務省の高官や陸上自衛隊、航空自衛隊の司令官クラスの方々とお話をさせていただいたりと、貴重な時間を過ごした。大使公邸の中に入って大使と会話する機会は今後の人生ではまずないだろう。すばらしい時間、そして貴重な経験だった。

23 クールダウン始まる

クウェート市内で観光、そしてホテルへ

クウェート市内への移動日を迎え、いよいよクールダウン期間に入る。キャンプ・バージニアともお別れである。

いつもの戦闘服ではなく私服で集合し、チャーターした観光バスでクウェート市内へ向かう。

天幕を出てバスに向かう途中、外国の兵士に声をかけられた。自衛隊と同様の緑系の迷彩服を着用している。

「日本に帰るのか？」

「イラクでの任務が終わったからね。これからクウェート市内のホテルに移動するんだ」

「そうか。俺たちはこれからイラクに展開だ」

「どこの部隊？」

「フィジーだ」

フィジー兵は終始柔和な表情で話した。

「そうか。頑張ってくれ。幸運を」。握手をして別れる。

バスに乗り込む。仲間たちの表情はみな明るい。全員が乗車し、バスが走り出す。目指すはクウェート市内だ。

クウェートの道路はきれいに舗装され、日本の道路と同様だった。走行している車の中には日本車も多く見られた。

大地はイラクの黄土色の土漠とは違い、赤みがかった砂漠のようで、そこに近代的な建物が並んでいる。初めて見る不思議な光景だった。時折、黒焦げの建物や激しく損傷して横たわる送電用の鉄塔が目についた。それも一つや二つではない。湾岸戦争の被害の跡だろうか。

クウェート市は日本の大都市と同じような近代的な都会だ。興味深かったのは、広い幹線道路に信号がほとんどなく、進行方向の変更はほとんど交差点ではなく立体交差で行なわれる。そのため、交通の流れはほとんど滞ることがない。

クウェートでは市内観光もあり、クウェート・タワーとショッピングモールでの自由時間が

クウェート市内に移動後、ショッピングモールのフードコートで上司や先輩陸曹と食事をしながら歓談。クールダウン前だが、すでに心身ともにリラックスしていた。

与えられた。

　クウェート・タワーは、東京タワーやスカイツリーのような、クウェート市のシンボル的建造物である。塔は全部で3基。いちばん高い塔には球体の構造物が二つあり、展望台とレストランになっている。二番目に高い塔にも球体が一つあり、どちらも球を串刺しにしたような外観だ。これらの球体の構造物は貯水槽でもあり、どちらも給水塔である。針状の塔は電力供給と塔を照らす照明器具が設置されている。

　希望者はタワー内に入り見学できた。私は特に興味も湧かなかったので、中には入らず、タワーの周囲を散策したり、海岸で海を眺めたりして時間を過ごした。見学を終えた同僚に感想を聞いたが、あまり楽しい感想は聞かれなかった。

ショッピングモールは日本にあるものとそれほど変わらなかった。さまざまな店舗やレストラン、フードコートなどがあった。モールの近くには市場もあるそうだが、治安が良くないため、買い物や見学はモールの中だけで、外に出ないよう指示された。トラブルは避けたいということだろう。モール内は特に珍しいものもなく、ある程度時間が経つと、皆はフードコートに集まり、飲み物や軽食を摂って時間を過ごした。

滞在先は高級ホテル

クウェート市内での滞在先となったホテルは市内でもグレードの高いホテルと聞いた。部屋は二人部屋を割り当てられた。ホテルといえば日本のビジネスホテルくらいしか宿泊したことのない私にはとても広く感じた。

窓に近づいてカーテンを開け、外の景色を眺める。高層ビルが建ち並ぶなか、所々にイスラム教の礼拝堂であるモスクがあり、礼拝の時間が近づくと「アザーン」と呼ばれる礼拝開始の呼びかけがスピーカーから放送される。アザーンが近代的な街並みに響き渡る光景は何とも幻想的であった。

窓際のテーブルにはウェルカムフルーツが置かれていたが、何となく手を出す気にはなれず、そのままにしておいた。ふと気になってベッドの下を覗くと、腐った果物がゴロゴロ転がっており、清掃員のレベルが知れた。グレードが高いとはいえ、こんなものかと溜息が出た。ホテル内にはプールや広いトレーニングルーム、売店があった。しかし、ここで3日間の缶詰状態に耐えられるだろうかと不安がよぎる。

そう、クールダウン中はホテルから一歩も出られないのである。

これは休養？　それとも収監？

「暇ですね」「早く帰りたいな」

クールダウン期間中はこんな言葉がホテル内での同僚との挨拶になった。日中は何もすることがなく、皆が揃って顔を合わせる機会は1日3回の食事だけ。

外出させて欲しいとの声も多く出たが、地理もよくわからないクウェート市内に散策に出るのは危険だろう。市内には治安の悪い地区もあるというのだから。

そもそも、こうしてホテル内に缶詰めにすること自体がクールダウンなのだから、外出などすればクールダウンの意味がなくなる。まるで牢獄にでも入れられた気分だが、ホテル内を自由に動き、好きな過ごし方ができるだけマシだ。これも仕事と割り切らなければならない。

隊員たちの時間の過ごし方はそれぞれだった。はじめは部屋で寝ている隊員が多かったが、そのうちプールサイドやトレーニングルームでも隊員の姿を目にするようになった。

私は午前中、トレーニングルームで汗を流し、午後は部屋で読書をしたり睡眠をとった。また、ホテルの売店で頻繁に買い物をするうちに、売店の店員と仲良くなり、世間話をするようになった。口ひげを生やした小柄な男性である。日本のさまざまな事象に興味があるようだった。

「なあ、日本は雪が降るんだろう?」

「ああ、俺の住んでいる所は寒い地域でね。冬は雪がたくさん降るんだ」

「へえ……どんな感じなんだろう。見てみたいな」

また、客が私だけの時は「ちょっと出てくるよ。店番頼む」と言い出すことも。

「待て、俺は販売なんてやったことがないし、言葉もよくわからないぞ」

「あんたなら大丈夫だ。すぐ戻るよ」と売店を出ていった。

幸い、この時は彼がすぐ戻ってきたので、レジに立つことはなかったが……。

現金盗難に遭う

宿泊している部屋ではちょっとした事件もあった。

トレーニングルームから戻った時、テーブルの上に財布を置きっ放しなのを見てハッとした。すぐに財布の中身をチェックする。札入れの部分のジッパーが私のやらない閉じ方になっていた。ますます疑念が湧く。札入れの中を確かめる。

案の定、1万円札が1枚足りない。

「自分が出ている間、誰か来ました?」。ベッドに寝転んでいる先輩陸曹に訊ねる。

「ああ、掃除のおばちゃんが来たな」

それだ。

「どうした?」

「金を盗られました」

「俺じゃないぞ」

「いやいや、疑ってませんよ。間違いなく掃除のおばちゃんでしょう」

それに、元はといえば財布を目立つ所に置いた自分が悪い。同室に同僚がいて、かつグレードの高いホテルとはいっても、気を抜いてはいけなかったのだ。ここは外国、日本じゃない。

「どうする?」

「いや、もうどうしようもないでしょう。清掃員はたくさんいるし、一人ひとりつかまえて問いただすわけにもいかないし」

この後、クウェートで我々と合流した日本人添乗員にこの話をすると「このホテルの清掃員がそんなことをするとは思えませんが、一応フロントには報告しておきます。ただ、お金が戻ってくることはないと思いますよ」との返答だった。どうやら泣き寝入りするしかないようである。高い勉強代であった。

祖国を侵略されるということ

ホテルの1階フロア、フロントの近くに、ちょっとした展示コーナーがあった。

何だろうと近づいてみて、息を呑んだ。ガラスケースの中に置かれていたのは真っ黒焦げのレジスターや電話機、戦車砲弾のケース、ほかにも同様のものが陳列されている。視線を上げると、窓ガラスが割られ、荒らされた客室の写真などが貼られている。

説明文によると、湾岸戦争のきっかけとなった1990年のイラクによるクウェート侵攻の

ホテル1階にある展示コーナー。1990年のイラクによるクウェート侵攻時、ホテルが受けた被害の記録である。真っ黒に焦げたレジスターや電話機が被害の激しさ、侵攻の恐怖を訴えかけてくる。

際、被害を受けたホテルの備品やホテル内の様子を写した写真、イラク軍が放棄していった物品だという。幸いにも、ホテルの従業員はみな無事だったようである。

　ホテルのような所でも、こうして特別に展示コーナーを作り、後世までイラクの蛮行を伝えていくのだ。クウェート人だけではない。母国を侵略された民族はその事実を決して忘れないのだろう。彼らの怒り、悲しみ、苦しみ……私は到底理解できる立場にはない。日本が同じような状況になったらと考えるだけでも苦しい。だが、だからこそ我々自衛隊がいるのだ。凄惨な被害を伝える写真を見ながら、日本を絶対にこのような目には遭わせてはならない、他国による侵略など絶対にさせせんと気持ちを新たにした。

24 短くも長い旅、終わりに近づく

帰国の途へ

２００４年11月26日。クールダウン最終日を消化し、ついに日本へ発つ日を迎えた。誰もが待ち望んだ母国への帰還だ。

起床して朝食を摂る。その後、洗顔を済ませ、荷物をまとめる。ほのかに洗剤の香りのする、きれいに畳んだ戦闘服をバッグから取り出し、袖を通す。最後にベレー帽をかぶり、形を整える。

部屋を出ると、同じタイミングでほかの部屋からも同僚たちが出て来た。その表情はみな一様に明るい。

１階ラウンジに集合し、クウェート国際空港での乗機要領の説明などを受け、その後、各自荷物を持って、ホテルの玄関前に到着したバスに乗り込む。

「ようやくだな」

「早く帰りたいよ」

そんな声があちこちから聞こえる。

玄関を出て、外の空気を吸い込む。空はどこまでも青い。クウェートは今日も暑くなりそうだ。

バスはホテルを出発後、クウェート市内をしばらく走り、クウェート国際空港の駐機場に入った。手荷物を持って降車する。搭乗する飛行機は、日本からクウェートへの移動時に搭乗した機体と同じタイのプーケット・エアのボーイング７４７であった。

一度機内に入り、座席に手荷物を置いて降機、見送りの高官が到着するまでしばらく待機する。服装を整え、出発時と同様、緑色のスカーフを首に巻く。

高官が到着し、タラップの前に整列すると、隊員にも整列の号令がかかり、一列縦隊でタラップまで進む。高官から一人ひとりにねぎらいの言葉をいただいた。続いてタラップを上り、機内に入る。座席につき、シートベルトを装着。帽子とスカーフを脱いでひと息つく。

飛行機が滑走路を蹴り、クウェートの空に舞い上がった。

「俺の今後の人生で、また中東に来ることはあるだろうか？」

クウェート国際空港の駐機場で飛行機への搭乗直前に撮影。飛行機はいつでも搭乗可能な状態にあり、タラップの前には高官が整列している。このあと高官の見送りを受けて機内に入った。

そんなことを考えながら、窓の外の景色を眺める。市街地上空を飛んでいる間、クールダウンで宿泊したホテルも見えた。もうあんな退屈な日々は勘弁だな、と思う。

飛行機が高度を上げ、窓から見える景色も雲だけになり、あとはひたすら退屈な時間に耐えるだけだ。何もすることがない。眠気は感じなかったが、ただ目を閉じて眠りに落ちるのを待った。次は往路と同じく、トランジットでバンコクに降りる。

機内食を食べては寝てを繰り返し、約8時間。飛行機はドンムアン国際空港へ着陸した。狭い機内で難儀しながら私服に着替え、降機。ターミナルで数時間待機となった。3か月前、クウェートへの往路の途中、ここバンコクでのトランジットは戦闘服姿でターミナル内での待機となったため、我々はとにかく目立った。迷彩服姿の兵士の集団が国際空港のターミナルに突然現れれば、それを見た人たちが驚くのも当然だろう。各国からの旅行客はみな目を丸くし、あからさまに嫌悪の視線を送る旅行客もいた。

復路のトランジットで私服が許可されたのはよかった。周囲を気にせず安心して過ごせる。ターミナル内での行動は基本的に自由。土産物屋を見たり、食堂で同僚から勧められたタイ風ラーメンを食べて時間を過ごした。仲間と一緒に雑談していれば時間が経つのも早い。搭乗時間が近づくと、早めに飛行機に戻った。

バンコクは夜。窓の外、空港のカラフルな照明を眺めながら、この窓から青空が見える頃にはもう日本の空にいるのだなと思う。青く染まった窓を見た時、自分はどんな気分になるだろう。

この「短くも長い旅」のゴールである母国日本へ向け、飛行機は闇の中、ドンムアン国際空港を飛び立った。

母国の空

少し明るくなった機内と、あちこちから聞こえる話し声で目が覚めた。

窓の外は……青。青空だ。

体を起こして窓の外を覗く。一面の青空と雲海。

「もう日本に入ったみたいだぞ」。隣の席の先輩陸曹が微笑んだ。

「本当ですか」

もう一度窓の外を見た。飛行機の下方に雲海が広がっている。時々雲の切れ間から覗く緑色は山地だろうか。

ついに日本か。

胸に浮かぶのは安堵。それだけだった。

窓の外は相変わらず空と雲海しか見えなかったが、しばらくその景色を眺めているうちに、遠くに雲を突き抜けてそびえる何かが目についた。

目を凝らしてみると、それは日本人なら誰にでも馴染み深いものだった。

富士山。

雲海を突いてそびえるその優美な姿は、まさしく私たちの帰国を祝福しているようだった。

隊員たちも富士山が見えるのに気づき始め、皆、窓に顔を近づけてその姿を眺めていた。

ここまでくれば青森空港まで、そう時間はかからないだろう。

無事に降りられるのだろうか？

時間も経ち、そろそろ青森空港に着いてもよい頃だと思った矢先、スピーカーから英語で機内放送が流れた。

「こちら機長です。当機は現在青森空港に近づいておりますが……」

天候が不安定？

窓の外を見る。

眩しいくらいの青空と真っ白な雲海。だがこの下は荒れ模様なのだろうか。

一人の幹部が通路に立ち、機内の隊員たちに聞こえるよう話し始めた。

「注目。今、機長からアナウンスがあったように、青森空港は天候が不安定なため、現在当機は旋回しながら様子をみている状況だ。天候の回復が見込めない場合は、仙台空港に降りる予定」

機内が騒然となる。だが私は困惑するほかの隊員をよそに（もう日本に帰ってきたのだから、降りられるならどこでもいいや）と呑気に構えていた。

その後も何度か機長から状況を知らせるアナウンスがあった。天候は相変わらず不安定のようだ。

隊員の中には、あからさまに困惑の表情を浮かべている者も少なくなかった。「仙台は困るなぁ……」といった声も聞こえた。

（家族や恋人が待つ青森に降りて、一刻も早く会いたい）

気持ちはよくわかる。私の両親も青森に来ているはずだ。

後で聞いた話では、青森駐屯地で隊員の到着を心待ちにしている隊員家族や原隊の隊員たちにもこの報せは伝えられ、やはり騒然となったという。

どこでもいい、早く降りて日本の土を踏みたいよ……。

そんなことを考えながら窓の外を見ていたら、機体の姿勢が変わるのを感じた。

降下している。

「降りますね」

隣の先輩陸曹と顔を見合わせる。

機長から「青森空港へ着陸する」とのアナウンスが流れた。

窓から見えていた青空が消え、真っ白になる。雲の中に入った。そしてベールを剥ぐように景色が変わり、街が見えた。青森市だ。

飛行機は降下、旋回を続け、やがて着陸コースに入った。高度がだいぶ下がり、民家や田畑がよく見える。

窓から空港施設が見えたのとほぼ同時に下からの軽い衝撃。着陸だ。

２００４年11月27日午前９時30分、第３次イラク復興支援群第１波（往路と復路で編成が変更）の隊員を乗せた飛行機は、悪天候をついて青森空港に無事着陸した。

25「ただいま」

帰還。皆が待つ青森駐屯地へ

タラップの最後の1段から、ゆっくりと駐機場の地面に足を降ろす。日本の大地だ。

(俺は日本に帰ってきた!)

その瞬間に胸に覚えた安堵は、言葉にできないほど深いものだった。

駐機場の隅には数台の3トン半トラックが並び、飛行機の貨物室に積まれた個人の荷物などを積載するために待機している。その中には私の原隊のトラックも並んでおり、バンパーに記された部隊名を見て、3か月見なかっただけなのに、まるで数年ぶりに再会したような懐かしさを覚えた。

バスも駐機場に待機しており、飛行機から降りた隊員たちが乗車する。向かう先は、家族や仲間が待つ青森駐屯地だ。

青森空港から青森駐屯地までの道中、ずっと外の景色を眺めていたが、何か落ち着かない。さきほどの安堵感はやや薄れていた。酷暑のクウェートを発ってから約18時間で日本に着いた。環境の急変にまだ頭や体がついていけていない。そんな感じだった。

バスが青森駐屯地の正門を通過し、駐屯地内に入るや否や、スタジアムにでもいるような大きな拍手と大歓声に包まれた。バスを降り、整列。第9師団司令部庁舎の前から順に行進する。庁舎の前から陸上幕僚副長をはじめ東北方面総監、第9師団長といった高官がずらりと並び、行進する我々に「お疲れさん！」とねぎらいの言葉をかけ、さらに全員と握手が交わされた。

「ただいま帰りました！」

司令部を後にして、隊列は駐屯地の道路をさらに進む。

歓声がひときわ高まる。隊員家族が道の両脇に詰めかけ、それぞれの隊員の父や母、夫や妻、息子や娘が、わが子や夫、妻、父母の姿を見つけると、それぞれの名前や「お帰りなさい！」「お疲れさま！」といった言葉で出迎えてくれた。

我々も行進しながらそれぞれ自分の家族の姿を探した。

私はすぐに見つけることができた。

私の両親は、群衆の最前列からやや下がって微笑んでいた。

さまざまな感情が一瞬で込み上げてくる。

手を振るのもなんだか恥ずかしくて、敬礼をして軽くうなずいた。

続いて師団管内などから駆けつけた各部隊の出迎えだ。いたる所に部隊名が記された旗や幟がはためいている。ここでも大きな拍手と歓声。「お疲れさん！」「お帰り！」。所属に関係なく、皆が声をかけてくれた。

そして見慣れた一団が目に入った。私の原隊の隊員たちだ。皆が笑顔で手を振っている。敬礼しながら「ただいま帰りました！」と大声で応える。

中隊が常時さまざまな業務を抱えるなか、所属隊員を3か月間送り出すということは決して短くない期間、業務遂行のための大事な人員が減らされることであり、一人、二人送り出すだけでも中隊には相当の負担になる。隊員の業務分担を計画・管理する運用訓練幹部や中隊付准尉は頭を抱えただろう。そして、派遣隊員の中隊における本来業務は必然的に留守を預かる隊員たちに振り分けられる。私がふだん受け持つ業務も、不在間、仲間が代わりにやってくれたということだ。本当に申し訳なく、ただただ感謝の思いであった。

出迎えの人々から離れた位置で列は停止。解散の号令が下る。

大事な人に向かって走り出す者、ゆっくり歩き出す者、まずその場で仲間と声をかけ合う者などさまざまだ。

家族に囲まれる者、恋人と抱き合う者、部隊の仲間と笑顔で話をする者。

歓喜の声や嗚咽。いろいろな感情が渦巻いていた。

そんな人々の間を縫うようにして、私は歩いた。

ずっと逢いたかった両親の姿を道路の先に見つける。

父と母を目の前にして、帰国後の第一声はどんな言葉がふさわしいだろう?

微笑む父母の目の前に立つと、やはり湧き上がる感情と照れくささでよい言葉が浮かんでこない。でも、やはり無事に帰ってきての第一声は……。

「ただいま」

3か月ぶりのわが家

2004年11月27日、イラク・サマーワでの任務を完遂し、約3か月ぶりに帰国した。青森駐屯地で盛大な出迎えを受けた我々派遣隊員は、その日のうちにそれぞれ原隊のある駐屯地に戻り、休暇を与えられ、家に帰ることができた。

岩手駐屯地で両親と合流し、荷物を車に積んで出発。実家までは高速道路を使って1時間半ほどかかる。

高速道路に乗ってからは、不在間の出来事などを両親から聞いた。そして、愛犬も元気に過ごしていると聞き、早く抱き上げたいと思った。

高速道路を南下し、地元の街に到着。街中を行き交う人たちや車、建物、山や川を眺めながら、何も変わりないことに安堵する。たった3か月で街の景色が大きく変わるなんてことはないのだが、自分の中では半年か1年ぶりくらいに帰ってきたような感覚だった。

そして家に到着。荷物もそのままに玄関に入る。

愛犬が尻尾を振りながら駆け寄ってくる。

「ただいま!」。声をかけながら抱きしめた。

荷物を自室に置き、着替えて家の庭に出る。森や田畑から吹いてくる風。その匂いを全身に浴びると、やっと帰るべき場所に帰ってきたという実感が湧いてきた。

アルコール恐るべし

荷物を整理していると、携帯電話が鳴った。中学の同級生からであった。聞くと、この日に結婚式を挙げたのだという。突然舞い込んだおめでたい報せに私も高揚し、お祝いの言葉を伝えた。そして、夜から開かれる2次会に来ないかと誘われた。

一瞬躊躇したが、喜んで行くと伝え、電話を切った。

我々派遣隊員は、サマーワを離れる直前から、衛生隊の医官から口酸っぱく言われていたことがあった。それは、帰国直後の飲酒を控えることである。3か月もアルコールを摂取していない体で、急に飲酒するとアルコールの回りが早いので注意せよとのことだった。

結婚式の2次会なら当然宴会となる。この時の私は医官の言葉をそれほど重く考えていなかった。むしろ大好きなビールを欲していた。

2次会は午後7時から、繁華街にある居酒屋の2階を貸し切りにして開かれた。新郎をはじめ、同級生が多数参加し、久しぶりの再会を喜び合った。

乾杯でビールのジョッキをあおる。うまい。3か月ぶりの「本物」のビールは体中に染み渡るようだった。飲んだ直後、特に体調に変化は感じられず、続いて2杯目、3杯目と体にビールを注ぎ込む。このあたりから、いつもより少し早く酔いが回ってきたかなと感じたが、飲むペースは変わらず、友人たちと楽しく会話しながら飲んだ。

そんな時、隣に座っていた新婦の友人の女性からビールを勧められ、ありがたく頂戴した。返杯しようとビールの入ったピッチャーを手に取り、彼女が差し出したジョッキに注いだ。

ピッチャーを傾けながら、体がぐらっと揺れる。

（えっ）と思ったのと、彼女の小さな悲鳴が聞こえたのはほとんど同時だった。

彼女のジーンズの膝元と畳が濡れている。

一瞬にして血の気が引いた。

「すみません！」

急いで未使用のおしぼりをかき集め、こぼしたビールを拭き取る。

罵声こそ口にしないものの、彼女は般若の形相。何度も謝罪し、クリーニング代を払うと申し出たが、それ以来、彼女はひと言も口をきいてくれなかった。

やっちまった。こうなるのか……医官の言う通りだったな。

頭を抱える。周囲の友人たちはみな大笑いして見ていたが、こっちはそれどころじゃない。

やがて宴会もお開きとなり、店の外に出て空を仰ぐ。12月は目前。外の気温も低い。3次会に誘われたが、さすがに行く気にはならなかった。

「帰ろう」。気持ちも冷え切り、肩を落としながら駅のタクシー乗り場を目指してとぼとぼと歩いた。

26 派遣前の自分に戻っていく感覚

さらば第3次イラク復興支援群

私が帰国した11月27日以降、次々と仲間たちが帰国した。

12月4日、第3次イラク復興支援群第2波が帰国。

12月12日、第3波が帰国。これで第3次イラク復興支援群の全隊員が日本に帰還したことになる。

12月18日、青森駐屯地において第3次イラク復興支援群隊旗返還式が挙行され、これをもって第3次イラク復興支援群はその編成を解かれた。

2004年8月、灼熱のイラク・サマーワに展開し、宿営地に何度も攻撃を受け、さまざまな困難に直面しながらも全隊員がそれぞれの職務に励み、そして全員が無事に帰還できた。

（俺たちは自分を誇っていい）

壇上で返還される隊旗を見つめながら思った。

隊旗返還式終了後、各駐屯地への帰隊前に仲間同士で別れを惜しみながら声をかけ合った。握手をし、肩を組み、今後のお互いの自衛隊生活での健闘を誓い合った。

原隊が師団管内であれば、今後も演習などで顔を合わせることもあるだろう。しかし、東部方面隊管内や学校・機関などからわが支援群に派遣された隊員とはもう会えないかもしれない。私が所属した整備小隊の整備チーム長がそうだった。何度かぶつかることもあったが、別れが目前になるとやはり寂しくなるものだ。

やがて別れの時間が来た。青森駐屯地所在部隊の派遣隊員に見送られながら、隊員たちを乗せた車はそれぞれ、東北や関東の各駐屯地を目指して走り出した。

さらば戦友、また会う日まで。

幹部候補生試験の受験命令に困惑

12月18日の隊旗返還式終了後、青森駐屯地から原隊に戻り、原隊復帰の報告をした。その後、運用訓練幹部および中隊付准尉と休暇明けの勤務要領を打ち合わせ、我々派遣隊員は再び休暇に入った。

2004年も暮れる。休暇の間、友人と会って酒を酌み交わし、さまざまな話をし、時に遠くに出かけ、そして正月を家族と過ごした。そんな日々を過ごしているうちに、少しずつ緊張がほぐれ、派遣前の自分に戻っていくのを実感した。

「日常」が帰ってきたような感覚だった。

年が明けて2005年。1月中旬に休暇が終了し、中隊に戻った。

中隊の仲間たちは相変わらずで、私たち派遣隊員の復帰を喜んで迎えてくれた。

中隊は家族みたいなものだ。私は自分の所属中隊が大好きだった。

さあ、新しい年、そして中隊復帰後の最初の仕事は何かなと意気軒昂、中隊事務室に顔を出すと、運用訓練幹部に呼び出された。

「伊藤3曹、今日から幹候（幹部候補生）受験の合宿に参加だ」

「えっ？　幹候……ですか。しかし、自分は受験の希望は出しておりませんが」

運用訓練幹部が私に白羽の矢が立った経緯を話し始めた。

どうやら中隊の若手陸曹から幹部候補生試験の受験希望者が出ず、私にその役が回ってきたようだった。

（参ったなぁ……幹部になる気はないんだけどな……）

合宿の長である幹部のもとへ出頭し、この後の指示を受けるよう言われ、幹部室を出た。廊下に出て深く溜息をつく。

結局私が折れた。というより、これは命令。従うしかない。

こうして原隊復帰後の最初の任務は幹部候補生選抜試験の受験となった。

戦車乗りはつぶしが効かない

原隊復帰後に幹部候補生受験を命じられ、合宿に参加し、受験勉強漬けの日々を送っていたある日、大隊の人事幹部に呼び出された。

（人事幹部？　人事班？　いったい何だろう……）

人事班は部隊で勤務している間、まったくといっていいほど縁のない部署である。

人事幹部はよく知っている方だった。もともと同じ中隊に所属し、長い間、同じ戦車に乗員として乗り組んだ間柄である。戦車教導隊（２０１９年、偵察教導隊および第１機甲教育隊と統合、機甲教導連隊として再編成）や北海道の戦車部隊を渡り歩き、戦車一筋でやってきたベテラン中のベテラン。戦車に搭乗する際は迷彩スカーフを首に巻き、俳優としても通用しそうな容貌で、とてもカッコよく、仲間内では「ミスター戦車」と呼ばれていた。

人事班に出頭し、人事幹部に挨拶する。一言二言、言葉を交わした後、人事幹部は机上の資料に目を落とし、口を開いた。

「お前、転属希望を出していたよな。東方（東部方面隊）に行きたいのか？」

そうだった。前年、中隊長に転属希望を出していたのだった。

自衛隊生活が長ければ、幹部や陸曹は階級に関係なく、転属の機会が必ず訪れる。

私の場合は特に希望を出さなくとも、しばらくは所属部隊にいられそうだったが、数年経てば転属命令が出るのは明らかで、それならば早いうちに希望を出して自分の希望する業務につきたいと思っていた。

戦車に乗るのは大好きだが、小さい部署でのデスクワークにちょっとした憧れがあったのも事実である。そして、首都圏を含む関東地区の防衛を担当する東部方面隊を希望したのは、都会への憧れもあった。

「しかしなあ……東方管内だとお前が行けるのは戦教（戦車教導隊）くらいしかないぞ。ちょうど一人の枠があるんだが、どうだ？」

転属を希望した場合、行きたい部隊に必ず転属できるわけではない。転属希望先の部隊が新しく必要としている要員の人数や、転属希望者が保有している特技（ＭＯＳ）が転属希望先で必要とされるものか、条件が合致しないと難しい。つまり、各部隊が出す「うちの部隊には○

○の特技や能力を持つ陸曹が○人欲しいです」といった「求人」に対し、希望要件に該当する者が「応募」できるのである。
私が保有する特技は戦車乗員と戦車整備の二つ。「応募できる求人先」はほとんどが戦車部隊。意外と戦車乗りはつぶしが効かないのであった。

「……はい。戦教でお願いします」。しばらく考えた後、答えた。

「いいんだな？」

「はい」

「わかった。じゃあ、それで手続きするからな」

人事班を出て、自習室に戻る。歩きながらいろいろ考えた。

静岡県の東、御殿場市に近い富士山麓に位置する富士駐屯地。戦車教導隊はここに所在する（２００５年当時）。富士教導団隷下で、文字通り戦車の教育に従事する部隊である。富士総合火力演習でも戦車の訓練展示を担当し、腕利きの戦車乗りが集まる「戦車のトップガン」ともいえるエリート部隊であった。

また、富士駐屯地には富士学校も所在している。同校は陸上自衛隊の普通科、特科、機甲科の教育・研究を主に実施している陸上戦闘教育の「総本山」であり、機甲科部は主に機甲科幹部などに対して戦車に関する各種教育、研究を担当している、いわば「戦車学校」である。富士学校機甲科部、戦車教導隊、どちらも私が戦車乗員としての知識や技術を習った部隊であり、富士駐屯地は戦車乗りの故郷ともいえる。

「戦教か……忙しくなるだろうなあ……」

ハイと返事はしたものの、やや後悔の念も湧き上がっていた。

数日後、人事幹部から再度出頭を命じられ、戦車教導隊への転属がほぼ決定したことを伝えられた。

それからは勉強時間の合間に少しずつ部屋の荷物をまとめ、不要品を処分したり、訓練用の私物を中隊の後輩にあげたりと、異動の準備を始めた。

迫られる決断――戦車教導隊か富士学校か

「えっ？　またですか？」

廊下にある内線電話で伝えられたのは、またしても人事班への出頭命令だった。

(まだ何かあるのかな……)

首をひねりながら隊舎を出て、大隊本部の人事班へ向かう。

「入ります」

「おう、来たな」

私に気づくと、人事幹部が微笑んで声をかけてきた。

「あの、まだ何か？」

「転属の話なんだが、実はもう1か所、枠が出てな。お前にどうかと思って呼んだ」

「どこの部隊でしょうか？」

「富士学校の機甲科部だ。助教を探してるようなんだが、どうだ？」

（学校の助教か……。俺に務まるかわからないけど、やり甲斐はありそうだ）

「戦教か富士学校、どちらかだ。どうする？」

「富士学校でお願いします」。迷いはなかった。

「よし。若手の3曹が富士学校で助教をやるのは大変かもしれないが、まあ頑張ってこい」

こうした紆余曲折を経て、次に進む新しいステージが決まったのである。

27 新たな道

厳しい職務。それでもやるしかなかった

2005年春、新しい生活が始まった。

私は富士学校機甲科部へ転属し、助教として多忙な日々を送っていた。戦車に触れる機会はほとんどなく、毎日のように実施される入校学生の訓練、それに必要な資器材の調達・製作や各関係部署との連絡調整などが主な業務で、ほかにデスクワークもあった。

私が配属された部署は幹部が多く、陸曹は数名。機甲科部所属隊員の中で最も若く、階級もいちばん下だった。そんな私が助教の肩書きで幹部や訓練支援部隊の長と直接打ち合わせしたり、場合によっては指示を出すこともあり、新顔の3等陸曹が助教をしていること、そして、

1999年、機甲生徒課程入校当時の筆者。写真は90式戦車の操縦訓練中に撮ったもの。機甲生徒課程の教育担当は富士学校機甲科部であり、6年の期間を経て今度は助教、つまり教える側として富士に戻ってきた。

その助教に指示されることに戸惑いや不快感を見せる隊員は多く、困惑することも多かった。

私の前任者は優秀な1等陸曹で、機甲科部だけでなく、訓練支援を担当する戦車教導隊や偵察教導隊の隊員からも信頼が厚く、支援隊員はみな素直に指示に従っていたという。

(担当の助教が何でもできるベテラン1曹から何もできない新人の3曹に変われば、そりゃ不満も出るだろうよ)

悔しかった。それでもやるしかなかった。

富士学校で勤務した3年間をいま思い出しても、汗水たらしながらあちこち走り回っていたような思い出しかない。富士駐屯地内の他部隊には同期が何人もいたが、大きい駐屯地だけにあまり会う機会はなく、機甲科部内にも仲の良い隊員はおらず、愚痴を聞いてもらったり相談できる相手もいなかった。生活も次第に荒れ、休前日の夜は外出して酒ばかり飲み、泥酔することも多くなっていた。週末、実家や友人に電話をかけることが唯一、心が休まる時間だった。

正直なところ、緊張と戸惑いの連続で精神的にも追い込まれていた。病んでもおかしくなかったと思う。そのころ話題になり始めていたイラク帰還隊員の精神的不調だったのかもしれない。

それでもそんな生活と職務を何とか3年間やり抜いたのは、やはり「イラク帰り」の矜持があったからではないか。今はそう思う。

12年の自衛隊生活にピリオド

富士での勤務3年目も半ばを過ぎた頃、転属の話が出た。転属先は私が元いた戦車部隊。原隊に帰って、機甲科部で培った知識と経験を広め、部隊が実施する訓練の質的向上に寄与せよ、というわけだ。

だが、私は自衛隊生活にピリオドを打つことに決めた。ちょうどよい節目だと思った。

夢まであと少し。航空自衛隊一般幹部候補生飛行要員採用試験、第三次試験の操縦適性検査でT-7初等練習機に搭乗した際の筆者（右）。初めて自らの手で空を舞った時の感動はとても言葉では言い表せられないほど。夢は叶わなかったが、この時の感覚と空で見た景色が今の私を支えている。

何より、やりたいことがあった。たった一度の人生、残りの人生をそれに捧げようと決めた。だから迷いはなかった。

実はこの年、航空自衛隊一般幹部候補生飛行要員の採用試験を受験した。この年の試験から飛行要員の視力基準が緩和され、視力の低い私も受験可能になったのだ。年齢的にも受験できる最後の試験であった。

結果は最終の第三次試験まで進んだものの、残念ながら不合格だった。

ファイターパイロットになることは長年抱いていた夢であり、その道を絶たれれば、私が自衛官でいる理由はなくなる。

それならば、退職して一般人として大

好きな戦闘機を追いかけられる仕事につこうと考えたのである。

退職してからは当然ながら何もかもうまくいかず、ただがむしゃらに生きてきた。ずいぶん遠回りをしたものだと思う。

そして今、私はこの本を書いている。

イラク派遣から長い月日が経ち、多くの日本人は自衛隊がイラクに派遣されたことなど忘れているだろう。

でも、私は忘れない。忘れようがない。

「戦争に行ったら自分の何かが変わるかもしれない」

そう考えて赴いた灼熱のイラク。しかし、イラクから帰ってきても私は何も変わっていない。

でも、そう思っているだけかもしれない。いま自分がしていること、進んでいる道。これはあの時からつながっているのだ。

結局、私にとってイラク派遣とは何だったのか？

仕事の一環？

自己満足？

明確な答えはない。それは一生出ないのかもしれない。

無理に答えを出さなくていいのかもしれない。

イラクの大地に立ち、「戦った」ことは揺るぎない事実なのだから。

ちっぽけな事実と矜持かもしれないが、それも「答え」の一つなのかもしれない。

そして私は、あのサマーワで「戦った」日々の思い出と矜持を胸に留めて、これからも生きていく。

あとがき

イラク復興支援任務での私の体験をできるだけ正確に綴った。

こうして「あとがき」を書いている瞬間も、2004年夏のサマーワでの出来事が次々に頭に浮かんでくる。同時にその時、抱いた感情も思い出され、口元をゆるめたり目を潤ませながら、キーボードを打ち込んでいる。多くの資料を読み、当時の日記や記憶を頼りに執筆したが、15年以上も時が経つと、記憶の欠落も少なくなく、さらに記憶が薄れていく前に執筆の機会を与えていただいたことに感謝したい。

こうしたことができるのも、自衛隊をはじめとする軍事関係の取材、執筆を行なうカメラマン兼ライターになれたからだ。はじめて雑誌記事の執筆を依頼されたのは、自衛隊を退職してから7年後のことだった。もちろん、その7年間、無為に過ごしていたわけではない。退職した2008年には海外取材に出かけたし、自衛隊の訓練や演習の取材もいくつかこなしていた。

だが、取材には金がかかる。わずかな退職金も底をつき、これでは活動していけないと思い、アルバイトを始めた。しかし、このアルバイトがうまくいかなかった。仕事の要領がまったく飲み込めなかったり、人間関係でトラブルを起こしてすぐ辞めて別のアルバイトを探すということを繰り返した。16歳で自衛隊に入った後は、一般社会での生活に必要なことはすべて自衛隊がやってくれ、私はひたすら職務に邁進するだけでよかった。

一般社会で生きる知識が何もない状態で「シャバ」に出るのは、泳ぎ方も知らずに海に飛び込むようなものだった。退職してから一般社会に馴染めず、再び自衛隊に戻ってくる仲間の気持ちもよくわかる。

退職して「仕事」を依頼されるまで7年。さらに本を出せるまでに6年が経過した。遠回りも遠回りである。同業者の中にはもっと要領よく仕事をしている人もたくさんいる。先を越されても気にしないといえば嘘になる。でも、私はこういう道をたどる運命なのだと思っている。これからもこのスタイルは変わらないだろうし、変えるつもりもない。東北岩手の人間らしく、地道に自分のやるべきことを貫いていくつもりだ。

イラクでの任務を終えてどのくらい経った頃だろうか、イラク復興支援任務を終えて帰国した隊員が自ら命を絶つという出来事が何件か起きているという話を耳にした。正直、ショックというより戸惑いのほうが大きかった。その後も派遣隊員の自殺は増えているようだった。せっかく無事に帰国できたというのに……なぜ？

自殺する者の心情は私に知る由もない。派遣任務以外の要因があるのかもしれない。ただ悲しかった。

私は彼らの名前も顔も知らない。派遣時期も違う。だが、あのサマーワ宿営地で同じ体験をした「戦友」だと思っている。今は彼らの冥福を祈るばかりだ。

最後に、本書を上梓するにあたり、お世話になった方々に心から御礼を申し上げます。

ライターの大先輩である渡邉陽子さんは本書の刊行を後押しし、出版社を紹介してくださいました。精力的に最前線に出て取材をするバイタリティあふれるそのスタイルは私も見習いたいといつも思っています。

宗像久男元陸将からは原稿に関する的確なアドバイスをいただきました。現役自衛官の時であれば、陸曹の私が陸将から直接助言をいただけることなど、まずあり得ませんが、現在、お互いに民間で活動しているからこそ、こうした機会に恵まれました。

メールマガジン『軍事情報』発行人のエンリケさんは、イラクでの体験談を発表する場を与えて下さいました。

本書の制作に関わって下さった多くの方々、応援してくれた友人たち、イラク派遣期間はもちろん、その後も心の支えになってくれた両親に感謝します。

令和3年8月15日

17年前の今日、イラクに赴いたことに思いを馳せながら

伊藤　学

参考文献

産経新聞イラク取材班著『武士道の国から来た自衛隊―イラク人道復興支援の真実』(産経新聞ニュースサービス、2004年)
産経新聞イラク取材班著『誰も書かなかったイラク自衛隊の真実―人道復興支援2年半の軌跡』(産経新聞出版、2006年)
宮嶋茂樹著『任務―自衛隊イラク派遣記録』(祥伝社、都築事務所、2005年)
佐藤正久著『イラク自衛隊「戦闘記」』(講談社、2007年)
半田滋著『「戦地」派遣―変わる自衛隊』(岩波新書、2009年)
瀧野隆浩著『自衛隊のリアル』(河出書房新社、2015年)

伊藤 学（いとう・まなぶ）
1979（昭和54）年生まれ。岩手県一関市出身、在住。岩手県立一関第一高等学校１年次修了後、退学し、陸上自衛隊生徒として陸上自衛隊少年工科学校（現、高等工科学校）に入校。卒業後は機甲科職種へ進み、戦車に関する各種教育を受け、第９戦車大隊（岩手県・岩手駐屯地）に配属、戦車乗員として勤務。2004年、第３次イラク復興支援群に参加。イラク・サマーワ宿営地で整備小隊火器車輌整備班員として勤務。2005年、富士学校機甲科部に転属、砲術助教として勤務。2008年、陸上自衛隊退職。最終階級は２等陸曹。現在、航空・軍事分野のカメラマン兼ライターとして活動中。

陸曹が見たイラク派遣最前線
—熱砂の中の90日—

2021年10月15日　印刷
2021年10月20日　発行

著　者　伊藤　学
発行者　奈須田若仁
発行所　並木書房
〒170-0002 東京都豊島区巣鴨2-4-2-501
電話(03)6903-4366　fax(03)6903-4368
www.namiki-shobo.co.jp
印刷製本　モリモト印刷

ISBN978-4-89063-414-9